“四川省产业脱贫攻坚·农产品加工实用技术”丛书

葱加工实用技术

主　编　李　峰

副主编　陈宏毅　游敬刚　黄　静

四川科学技术出版社

图书在版编目（CIP）数据

葱加工实用技术 / 李峰等主编 . -- 成都 : 四川科学技术出版社 , 2018.5

（四川省产业脱贫攻坚 · 农产品加工实用技术丛书）

ISBN 978-7-5364-9015-4

Ⅰ . ①葱… Ⅱ . ①李… Ⅲ . ①葱 - 蔬菜加工 Ⅳ . ① TS255.5

中国版本图书馆 CIP 数据核字 (2018) 第 076144 号

葱 加 工 实 用 技 术

CONG JIAGONG SHIYONG JISHU

主　　编　李　峰

出 品 人　钱丹凝
责任编辑　罗小燕
责任出版　欧晓春
封面设计　张永鹤
出版发行　四川科学技术出版社
　　　　　成都市槐树街 2 号　邮政编码 610031
　　　　　官方微博：http://e.weibo.com/sckjcbs
　　　　　官方微信公众号：sckjcbs
　　　　　传真：028-87734039
成品尺寸　170mm × 240mm
　　　　　印张 5.75　字数 120 千
印　　刷　四川工商职业技术学院印刷厂
版　　次　2018 年 5 月第一版
印　　次　2018 年 5 月第一次印刷
定　　价　28.00 元

ISBN 978-7-5364-9015-4

■ 本书如有缺页、破损、装订错误，请寄回印刷厂调换。
■ 如需购本书，请与本社邮购组联系。
　地址 / 成都市槐树街 2 号　电话 /(028)87734059　邮政编码 /610031

“四川省产业脱贫攻坚·农产品加工实用技术”丛书
编委会

前 言

党的十八大以来，我国把扶贫开发摆到治国理政的重要位置，提升到事关全面建成小康社会、实现第一个百年奋斗目标的新高度。四川省委、省政府坚定贯彻习近平总书记新时期扶贫开发重要战略思想，认真落实中央各项决策部署，坚持把脱贫攻坚作为全省头等大事来抓，念兹在兹、唯此为大，坚决有力推进精准扶贫、精准脱贫。四川省经济和信息化委员会按照“五位一体”总体布局和“四个全面”战略布局，结合行业特点，创新提出了智力扶贫与产业扶贫相结合的扶贫方式。

为推进农业农村改革取得新进展，继续坚持农业农村改革主攻方向不动摇，突出农业供给侧结构性改革，扎实抓好“建基地、创品牌、搞加工”等重点任务的落实，进一步优化农业产业体系、生产体系、经营体系，带动广大农民特别是贫困群众增收致富，更需“扶贫必先扶智”。贫困的首要原因在于地区产业发展长期低下，有限的资源不能转化为生产力。究其根本，生产力低下源自劳动力素质较差，文化程度低，没有掌握相关的生产技术，以致产品的附加值低，难以实现较高的市场价值。所以，国务院《“十三五”脱贫攻坚规划》指出，要立足贫困地区资源禀赋，每个贫困县建成一批脱贫带动能力强的特色产业，每个贫困乡、村形成特色拳头产品。

2017年中共四川省委1号文件提出，四川省将优化产业结构、全面拓展农业供给功能、发展农产品产地加工业作为重要举措，大力开发农产品加工技术的保障作用尤为重要。基于农产品加工产业是实现产业脱贫的重要手段之一，为了服务于四川省组织的全面实施农产品产地初加工惠民工程，即重点围绕特色优势农产品，开展原产地清洗、挑选、榨汁、烘干、保鲜、包装、贴牌、贮藏等商品化处理和加工，推动农产品及加工副产物综合利用，让农民分享增值收益。

在四川省委、省人民政府的指导下，四川省经济和信息化委员会组织四川省食品发酵工业研究设计院、四川工商职业技术学院的专家、学者，根据农业生产加工的贮藏、烘干、保鲜、分级、包装等环节需要的产地初加工方法、设施和工艺，针对农产品产后损失较严重的现实需要，编撰了“四川省产业脱贫攻坚•农产品加工实用技术”丛书。该丛书力图传播农产品加工实用技术，优化设施配套，降低粮食、果品、蔬菜的产后损失率，推进农产品初加工和精深加工协调发展，提高加工转化率和附加值，为加快培育农产品精深加工领军企业奠定智力基础。

葱加工实用技术

“四川省产业脱贫攻坚·农产品加工实用技术”丛书

该丛书主要面向四川省四大贫困片区88个贫困县的初高中毕业生、职业学校毕业生、回乡创业者及农产品加工从业者等，亦可作为脱贫培训教材。丛书立足于促进创办更多适合四川省农情、适度规模的农产品加工龙头企业及合作社、企业和其他法人创办的产地加工小工厂，立足于农业增效、农民增收，立足于促进农民就地就近转移和农村小城镇建设找出路，大幅度提高农产品附加值，努力做到区别不同情况，做到对症下药。针对四川省主要贫困地区的特色优势农产品资源，结合现代食品加工的实用技术，通过该丛书提升贫困地区从业者的劳动技能、技术水平和自身素质，改变他们的劳动形态和方式，促进贫困地区把丰富的自然资源进行产业化开发，发展特色产品、特色品牌，创特色产业，从潜在优势变成商品优势，进而变成经济优势，深入推进农村一、二、三产业融合发展，尽快帮助贫困地区群众解决温饱问题达到小康，为打赢脱贫攻坚战、实施“三大发展战略”助力。

四川省经济和信息化委员会
2018年5月

目 录

第一章 概 述

一、葱的起源与分布

葱属百合科多年生草本植物，通常簇生，折断后有黏液，味辛辣，须根丛生，茎白色，鳞茎呈圆柱形，鳞叶成层，具白色纵纹。叶基生，绿色，圆柱形，中空，叶鞘浅绿色。花茎自叶丛抽出，顶部膨大。葱有大葱和香葱两种，是我国很普遍的具有调味功能的蔬菜。

葱种植在我国已有近3 000年的历史，早在《诗经》中就有关于葱种植的记载。葱原始品种最早可追溯到齐国名著《管子》中的记载："桓公五年，北伐山戎，得冬葱与戎椒，布之天下。"可见葱的历史非常悠久。葱在我国蔬菜生产中占有极其重要的地位，其栽培面积占蔬菜总播种面积的10%，产量占蔬菜总产量的7%。

葱在我国的分布非常广泛，主产区位于淮河、秦岭以北的华北平原、东北平原、西北黄土高原等区域。华北平原主要以山东、河北、河南三省和北京、天津两市为主，是我国葱第一大主产区；东北平原葱种植区包括辽宁、吉林、黑龙江三省和内蒙古东部地区，是第二大主产区；西北黄土高原以内等地区为第三大主产区。

二、葱的分类品种

葱分为大葱和香葱，常作为一种很普遍的香料调味品或蔬菜食用，在东方烹调中扮演重要的角色。在山东有大葱蘸酱的食用方法。

大葱有分葱和楼葱两个变种。可按假茎和高度分为长白葱、中白葱和短白葱三个类型。其耐寒，在中国东北部可露地越冬。生长适温20～25℃。根系弱，宜肥沃的沙质土壤。

图1-1 大葱花蕊

图1-2 大葱

香葱别名小葱、绵葱、火葱、四季葱、细米葱等，原产于西伯利亚，我国以山东、河北、河南等省为重要产地。香葱以食用嫩叶为主，主要用于调味和去腥，是做菜、做汤时不可缺少的调料，也是脱水蔬菜加工的主要品种。香葱主要出口到东南亚和西方一些国家。香葱是一个经济效益非常高的蔬菜品种，发展前景广阔。其常见的优良品种有六和香葱、鼓雷香葱、云南香葱、四季米葱、四川小香葱、鲁葱1号、崇州角葱和各地长期种植的小香葱等。

图1-3　香葱花蕊

图1-4　香葱

三、葱的营养价值

葱的主要营养成分是蛋白质、糖类、维生素、食物纤维以及磷、铁、镁等矿物质等。葱叶部分比葱白部分含有更多的维生素及钙。

大葱味辛，性微温，葱油中的主要成分为葱蒜辣素（也称大蒜辣素），另含有二烯丙基硫醚、草酸钙。另外，大葱还含有脂肪、糖类、胡萝卜、维生素B、维生素C、烟酸、钙、镁、铁等成分。

从营养上来讲，大葱和香葱都富含葱蒜辣素和硫化丙烯。香葱的蛋白质、矿物质和胡萝卜素含量相对较高，每100g中，香葱含钙72mg、大葱仅含29mg；香葱含胡萝卜素840μg、大葱仅为60μg。大葱、香葱的营养成分见表1-1、表1-2。

表1-1　大葱营养成分

项目	含量 /100g	NRVs[①]（%）	项目	数据 /100g	NRVs（%）
热量	18kcal	0.9	膳食纤维	2g	8
蛋白质	1.4g	2.3	钙	51.7mg	6.5
碳水化合物	4.8g	1.6	铁	0.5mg	3.3
脂肪	0.2g	0.3	钠	7.3mg	0.4
饱和脂肪	–	–	钾	90.2mg	4.5
胆固醇	–	–			

注：①NRVs，中国食品标签营养素参考值（Nutrient Reference Values）。

表1-2　香葱的营养成分

项目	数据 /100g	NRVs（%）	项目	数据 /100g	NRVs（%）
热量	20kcal	1	膳食纤维	1 克	4
蛋白质	1.2g	2	钙	52.6mg	6.6
碳水化合物	3.6g	1.2	铁	0.9mg	6
脂肪	0.2g	0.3	钠	7.6mg	0.4
饱和脂肪	–	–	钾	104.4mg	5.2
胆固醇	–	–			

四、葱的食疗作用和食谱

（一）食疗作用

葱含有具有刺激性气味的挥发油和辣素，有较强的杀菌作用。其产生的特殊香气能祛除腥膻等油腻厚味菜肴中的异味；其含有烯丙基硫醚，可刺激消化液分泌，增进食欲。挥发性辣素通过汗腺、呼吸道、泌尿系统排出时能轻微刺激相关腺体的分泌，起到发汗、祛痰、利尿的作用。葱内的蒜辣素可以抑制癌细胞的生长，具有抗癌作用。

（二）保健食谱

葱白粥：葱白15g，粳米70g，白糖适量。先煮粳米，待米熟时把切成段的葱白及白糖放入即成。此粥具有解表散寒、和胃补中的功效,适用于风寒感冒、头痛鼻塞、身热无汗、面目浮肿、消化不良、痈肿等病症。

大葱红枣汤：葱白22根，红枣30枚。将葱白洗净切段，红枣洗净切半；二者共入水中煎煮，起锅前加白糖适量。此汤具有和胃安神的功效，可辅助治疗神经衰弱所致的失眠、体虚乏力、食欲不振、消化不良等病症。

葱豉汤：葱50g，淡豆豉20g，生姜5片，黄酒30mL。将葱、淡豆豉、生姜加水500mL入煎，煎沸再入黄酒一、二沸即可。此汤具有发散风寒、理气和中的功效，适用于外感风寒、恶寒发热、头痛、鼻塞、咳嗽等病症。

葱枣汤：红枣15枚，葱白7根。将红枣洗净，用水泡发，入锅内，加水适量，用文火烧沸，约20分钟后，再加入洗净的葱白，继续用文火煎10分钟即成。服用时吃枣喝汤，每日2次。此汤具有补益脾胃、散寒通阳的功效，可辅治心气虚弱、胸中烦闷、失眠多梦、健忘等病症。

五、葱的栽种情况

据中国农业部统计数据，从1994～2006年，我国大葱栽培面积从12万hm²发展到55万hm²，产量从563万t增长到1 956万t，呈持续增长的趋势。其中，2005年我国的大葱栽培面积占世界大葱栽培面积的17.07%，产量占世界大葱总产量的30.15%，均位居世界第一。2004年我国的大葱出口量为4.9万t，占鲜食葱出口量的7.5%，贸易额约2 920万美元，占鲜食葱贸易额的10%。因此，大葱的生产与深加工具有广阔的发展前景。国内比较出名的大葱生产基地有山东章丘、江苏启东等地。四川的气候亦适宜大葱种植，在四川各地都有种植基地，栽种的大葱品种大部分来自于日本和山东章丘等地区。

香葱以其独具特色的性能越来越受到人们的青睐，作为鲜食品受到宾馆、饭店以及百姓的欢迎。其最有价值的是可以脱水加工成调味品，是其他葱类不可比拟的。目前香葱的外贸行情看好，栽培的经济价值较高。香葱一般亩产2 000～3 000kg，每千克平均价格3元，最高可达5元。香葱具有四季都可播种的特点，因而受到农民喜爱。四川的香葱种植品种主要有四川小香葱、四季香葱、德国全绿。

四川著名的西昌香葱是国家地理标志保护产品，其味浓、色绿，受外地客商喜爱。2016年西昌市香葱种植面积已达约366.7hm²，总产量3万余t。按照每公斤香葱4元的均价，每亩香葱纯收入在1.1万元左右。历经多年发展的西昌香葱（琅环香葱）已形成种植面积稳定的规模化产业，产业区域化布局，是获得绿色A级认证的品牌化产品，营销、加工产业链延伸的经营一体化，使其走出了一条特色农产品品牌发展的康庄大道。

六、葱的产业状况

（一）存在的问题

随着农业种植结构的不断调整，葱生产基地的规模逐渐扩大，面积逐年增加，总产量不断提高。特别是一些传统生产基地的优势地位得到进一步确立。如西昌、眉山、威远等地，以其中心带动周边地区种植葱，均形成上万亩的产业规模，成为当地重要的农业产业，也是农民生产收入的主要来源之一。此外，全省各地还有很多大小不一的种植葱的生产基地，形成区域化生产的格局，但仍然存在一些问题。

1.生产配套设施不足，机械化程度低

葱生产基地已经形成规模种植，但部分基地配套设施建设不足，相应的道路、排灌系统、供电设备等建设由于缺乏资金支持，没有达到葱生产标准。当

前，大部分葱农栽种葱都是采用传统栽种方式，劳动力强度大，生产效率低，生产各环节缺乏专用机具及相关技术，农艺粗放，种植模式不规范，机械化水平低，机械品种单一及技术储备不足，关键技术不成熟等因素制约了葱栽培全程机械化。

2.葱深加工能力弱

葱制品是我国传统的香辛调料中的优势资源，但是国内在大葱的深加工方面因为起步较晚仍处于初级阶段，并且市场的需求还暂时比较低。

目前，日本和美国在葱的开发和加工研究方面居于世界前列。我国对葱的开发主要集中以生鲜出口为主，在其开发和加工研究方面还处于起步阶段。

（二）解决措施

1.加强生产基地建设，推广标准化生产

葱生产基地需要地势高爽，三沟配套，同时引进先进的机械化设施，改变传统机械半自动化现状，解决农村劳动力缺乏问题，提高葱生产作业效率，实现葱全程机械化和现代化农业基地建设。

葱基地应以加强农田生态环境质量建设为契机，创造农产品无公害生产优良的生态环境条件，全面实施大葱无公害栽培技术规程，农肥等使用符合国家GB/T 8321规定。编写技术培训教材，聘请专家和技术人员开展专题讲座，提高种葱农民的栽培技术水平，全面实施葱标准化生产，实现安全、优质绿色生产。

2.形成区域特色，培育原产地品牌

根据当地资源条件、产业基础和发展潜力，按照“因地制宜、突出特色、连片发展”的思路，打造葱产业基地，形成区域优势产业，将更多的社会资源向优势农业转移，扶持和培育“地区+产品”的原产地品牌。

3.加强葱加工开发，延伸葱产业链

葱不仅是调味品而且具有一定的药用价值，可以开发出具有营养保健功能的调味品，同时葱独特的香味可以通过加工提取制作调味油等产品，葱产品的开发能促进葱产业的发展同时延伸葱产业链。

第二章 葱的栽培及病虫害防治

第一节 葱的栽培

一、大葱栽培

大葱的适应性广，耐寒、抗热，而且从幼苗到抽薹前的成株均可食用，收获期灵活，适于分期播种，周年供应。

（一）大葱对环境条件的要求

温度：适宜葱生长的温度是7～35℃。在温度13～25℃范围内，茎叶生长旺盛；10～20℃下，葱白生长旺盛，温度超过25℃生长缓慢，形成的葱白和绿叶品质均差。大葱的种子在2～5℃条件下能发芽，在7～20℃的温度范围内，温度越高，萌芽出土越快，但温度超过20℃时无效应。从发芽到子叶出土，需要7℃以上的积温140℃左右。

光照：大葱对光照强度要求不高，对日照时间的长短要求为中性，只要在低温作用下通过春化，不论日照时间的长短都能正常抽薹开花。大葱是绿体通过春化阶段的植物，3叶以上的植株在低于7℃的温度下，经7～10天便可通过春化阶段。因此，秋播的大葱，不宜过早，年前易通过春化阶段，来年开春，未熟先抽薹，降低产量，失去商品价值。播种育苗时间要掌握在越冬前达到二叶一心，但也不能过晚，过晚植株小，体内养分少，对越冬不利。

水分：大葱的叶片呈管状，有蜡质，具有抗旱性，能减少水分蒸发而耐干旱。民间有"旱不死的葱"的说法。把5片真叶以上的葱放在阳光下晒10天，虽然根干，叶缩，但不会危害生命。但在生产中的葱根系无根毛，吸水能力差，各个生长时期都要满足水分供应才能生长健壮，葱白粗大，产量高。

土壤营养：大葱本来对土壤要求不严格，但根群小，无根毛，吸肥能力差，要高产栽培必须选用土壤疏松、土层深厚、土质肥沃、排水良好、富含有机质的土壤。大葱对土壤中的氮肥最为敏感，当土壤中水解氮低于60mg／L时，施用氮肥有良好的效果；高产田的土壤水解氮应达到80～100mg／L，必须施钾。每生产1 000kg大葱需要纯氮2.7kg、磷0.5kg、钾3.3kg。

大葱对酸碱度的要求：pH值为7～7.4适宜，pH值＜6，pH值＞8.5，对种子发芽，植株生长有抑制作用。

（二）生长发育

大葱分为营养生长和生殖生长两个阶段。

1.营养生长期

大葱从播种至花芽分化，此期有新叶长出，新老叶更替，保持6～8片功能叶。

1）发芽期

如图2-1，大葱是拱形“门鼻样”出土的。从播种到子叶出土为发芽期。

此期的生长条件：

（1）自身的养料。

（2）适温15～20℃条件下需要14天才能出土。

（3）保持地面湿润，透气性好。

2）幼苗期

从幼苗直钩到定植（叶片伸直后开始制造养分，进入自养阶段）。秋播葱幼苗期250天左右，主要经历四个时期：冬前苗期、越冬期、返青期、旺盛生长期。

冬前苗期很重要，不超过30天左右，苗子保证二叶一心，这样即可安全越冬，来年春天又不至于抽薹开花。返青期是在温度回升到7℃时开始返青，13℃进入旺盛生长期。春播的大葱苗期为旺盛生长期结束，叶身和外层叶鞘的养分向内层叶鞘转移，假茎得到迅速充实，使品质明显提高。

3）假茎（葱白）形成期

从定植到收获是葱白形成期。此期可分为三个时期：

（1）缓苗越夏期：大葱定植后开始缓慢发出新根，到恢复生长为缓苗期，此期需要10天左右，以后进入高温越夏期，气温均在25℃以上，生长缓慢，叶片寿命短，新生功能叶形成后易早衰，单株功能期只能保持1～3片，越夏期为50天。

（2）假茎形成期：越夏后，天气已凉爽，气温在25～13℃之间，正适合大葱生长，叶片寿命长，功能叶增到6～8片，且新生的叶片依次增大，制造的养分大量地贮藏到假茎之中，使葱白迅速增粗加长，大葱的产量主要在此期形成。

（3）假茎（葱白）充实期：此期天气已冷，大葱遭受早霜后旺盛生长期结束，叶身和外层叶鞘的养分向内层叶鞘转移，假茎得到迅速充实，使品质明显提高。

（4）贮藏越冬休眠期：大葱在低温条件下被迫休眠，同时也在此期通过春化阶段。此期有的收获后在贮存之中，也有的在田间。

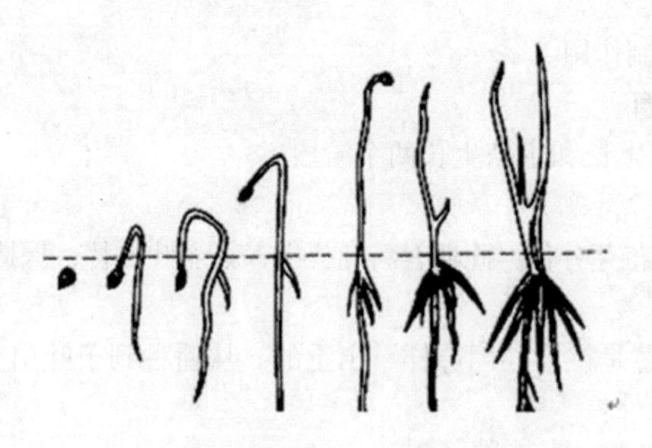

图2-1　大葱种子发芽过程

2.生殖生长期

从叶鞘中抽出花薹到种子成熟，共分三个时期：

（1）抽薹期：从花薹抽出叶鞘到破苞开花。此期主要是进行花器的发育。大葱的花薹有较强的光合作用能力，光合强度高于同株叶片的4倍，对种子的产量影响极大。

（2）开花期：花球破裂后，小花由中央向四周依次开放，每个小花期2～3天，同一个花球的花期约15天。早期的花常因低温和霜冻而影响受精，后期的花又会因为干热风、连阴天而影响种胚发育，中间一段时间的花结籽较好。

（3）种子成熟期：由于开花有先有后，种子成熟也不一致，从开花到种子成熟需20～30天，后期温度高，种子成熟快，但饱满程度较差。种子成熟后，应分期将种子球剪下，风干、脱粒、晒干、贮存。

（三）大葱的栽培季节和茬次

大葱耐寒抗热，适应性较强，适宜分期播种，以便周年供应。大葱一部分青葱，其产品不论大小，随时可以收获，并且贮存保鲜容易，供应时间长，而且贮存和越冬中的成株，在水分、温度适宜的条件下，又能利用假茎贮存的养分萌发生长，这样露地、保护地栽培相结合，采取分期播种，可以实现大葱的周年供应，满足市场的需要。大葱的栽培季节与方式见表2-1。

表2-1　栽培季节与方式 栽培季节（旬 / 月）

栽培名称	栽培方式	播种期	收获期	备注
春葱	平畦育苗	上/2 ～上/4	上/6 ～下/7	食用香葱
夏葱	平畦育苗	下/5 ～下/6	上/8 ～下/9	食用香葱
秋葱	平畦育苗	上/9 ～下/9	下/4 ～下/6	食用香葱
伏葱	平畦丛栽	上/5 ～上/6	上/7 ～下/9	供应青葱
大沟葱	宽行大沟深培土利用春秋苗均可	下/6 ～下/7	上/11 ～上/12	贮存、供应冬春干葱
小沟葱	窄行寸沟浅培土利用夏葱苗	上/9 ～下/9	上/4	供应干葱

（四）大葱栽培技术

1.茬口安排和地块选择

大葱忌连作，民间有“辣对辣，必定瞎，葱韭蒜不见面”等说法，大葱不但不能与大葱、洋葱重茬，还不能与大蒜、韭菜重茬，但能与甘蓝、茄子、冬瓜、西瓜、白菜套作或接茬。

种植大葱的地块要选用黏质土壤或富含有机质的黏土。因为黏土种植大葱，葱白呈黄白色，且质地松软，品质差；沙土地种大葱虽葱白质硬，但产量低，品质不良。

宜选三年没种过葱蒜类地块，土壤疏松，肥力好，中性、微碱性。

2.播种育苗

1）播种时间

主要是秋播和春播。

（1）秋播：葱苗在露地越冬，要掌握在越冬前具有2～3片真叶，株高10cm，即不冻死，也不抽薹。如果苗龄过大，就会感受低温影响，使来年早春抽薹；如过晚，苗子不到三片叶，越冬时易冻死。气温保持在17～16.5℃最为适宜，10月上旬正好是小麦适播期。

（2）春播：苗期应在惊蛰到清明中间。春播苗在出苗后进入旺盛生长期，不易抽薹。

2）播种

大葱种皮厚，种胚小，发芽慢，出土后幼苗细弱，根系不发达，生长慢，苗期长，为便于管理，采用育苗移栽。

（1）用种量：秋播比春播畦大些，育苗田每亩[①]用量1.5～2kg，栽4～5亩地，一般500g种子育0.15～0.2亩地，栽0.8～1亩地。

（2）种子处理；秋播采用干籽。播前将种子进行浸种消毒能提高发芽率和出苗，幼苗生长整齐，预防病害。

（3）播种方法：春播时，为防止浇水后引起的低温、板结，应先浇水后播种；秋播时，温度高，一般采用先播种后浇水的方法。

3）播后管理

（1）浇水追肥：因大葱种子小顶土能力弱，只有保持地面湿润才能保持正常出苗。

（2）喷用除草剂：适用于春播，要在先播后浇水的2～3天里，将除草剂均匀喷洒地面。秋播一般不用除草剂。

（3）间苗：要进行两次，第一次在春季浇返青水时，苗距2～3cm；第二次苗高18～20cm时，苗距6～7cm。

（4）防病治虫：如有病虫要及时防治。

（5）培育壮苗：壮苗标准是苗高50cm上下，葱白长25cm上下，叶身颜色浓绿，叶片保持5～6片，单株重40g以上。

图2-2　大葱育苗

3.定植

大葱长至40～50cm高时定植，如果发现有分蘖及时抛弃不用，减少经济损失。

（1）定植期：秋葱定植期与产量有密切关系。选择定植期应为芒种时（6月上旬）为好，还要考虑葱苗有130天。春播苗比秋播苗子小，定植期晚15天左右。

（2）选地整地：定植地块要与育苗地块基本一致，但要注意有利于排水，以防雨季沟积水。秋葱开沟深宽为30～35cm。

（3）施足底肥：每亩用腐熟优质肥5 000kg为基肥，再加过磷酸钙

①1亩等于1/15hm^2。

50kg、复合肥30～40kg，施入沟内。施肥后深翻20～30cm，疏松沟内土壤，将肥料混匀，然后搂平。

（4）起苗分级：起苗前2～3天浇水一次，使土壤保持不干不湿，起苗时不困难，又不黏土。做到随起苗，随分级（把苗子分成1、2级），随剪须根（留根长3～5cm），随定植。

（5）栽苗：将苗子分级定植，大小分开栽。栽苗时，深度以不埋心叶，在地面上7～10cm为宜。

（6）密度：高产田每亩栽1.3万～1.6万株。原则是肥地宜稀，薄地宜密。

图2-3　大葱定植

4.栽后管理

（1）缓苗期管理：葱秧定植后，老根很快腐烂，4～5天后萌出新根，新根长出，新叶开始生长。此期为缓苗期。

此期的管理：主要促进根系发生发展。措施：一是防涝；二是松土。如出现沟内积水1～2天，葱叶发黄，烂根死苗，因此雨后及时排水、中耕很重要。

（2）旺盛期管理：此期正是立秋后，天气凉爽，昼夜温差大，适应大葱生长，植株增高，假茎增长，葱白充实。

此期的管理主要是追肥、浇水、培土、防治病虫害。

培土的作用：培土能增加植株高度、葱白长度和重量。

培土应注意：要在上午露水干土壤凉爽时进行，否则容易引起假茎腐烂。第1～2次培土时，因苗生长慢，应浅培土：第3～4次培土时，因苗生长快，应深培土。注意不埋心叶为适度。

浇水应注意：①立秋到白露之间浇水，要在早晚时间，浇水不宜过大。②白露到秋分浇水量宜大，要经常保持地面湿润。③平均气温降到15℃左右是大葱的主要形成期。此期浇水尤为迫切，需要6～7天浇一水，每次要浇透，两水之间要保持地皮不干。④刨收前1周停止浇水，以促使组织充实。

图2-4　大葱栽后管理

（五）大葱优良品种

我国北方和中原主要种植分蘖性弱的普通大葱，品种主要以山东章丘大葱为主；南方地区主要种植植株矮小、分蘖力强的品种。

1.章丘大梧桐

品种来源：山东省章丘市一带的地方品种。

特征特性：株高130～150cm。叶管状细长，绿色，蜡粉少；叶尖锐，肉较薄，叶长冲。葱白长50～60cm，最长80cm。假茎直圆柱形，横径3～4cm，上下匀称一致；组织充实，质地洁白，辛辣适中，纤维少，汁多，品质优良。此品种生长速度快，不易抽薹，不分蘖。单株重0.5～0.75kg，最重1.5kg。每亩产量2500～4000kg。晚熟生育期长，不抗紫斑病，不抗风。

栽培要点：一是选择3年没有种过葱蒜类地块；二是亩施优质粗肥3～5方①，深耕细耙，整平做畦后，每亩用复合肥25kg；三是9月下旬播种育苗，90天后，苗长到2～3片叶时越冬；四是次年6月开沟移栽，沟距80cm，株距5cm；五是栽后踩实浇水一次，适时培土、施肥，11月收获。

2.二九系大葱

品种来源：这是章丘市1975年对大梧桐进行提纯复壮时选育出来的一个新品系，属于长白葱类型。

特征特性：植株高大，株高130～150cm。功能叶5～7片，叶面蜡粉厚，叶色浓绿，叶肉厚，叶尖向上或剁生。葱白高60～70cm，圆柱形，基部不肥大，横径4厘米左右。生长势强，直立，不分蘖，抗寒又耐高温，抗病性较强，耐紫斑病、霜霉病，菌核病密植，每亩产量5000kg。

栽培要点，同大梧桐。

3.高脚白大葱

品种来源：其为河北省定兴县品种，1975年引入河南，属长葱白类型。

特征特性：株高65～100cm。叶展30cm，叶呈粗管状，叶面着蜡粉。单株功能叶片8～10片。葱白长35～40cm。单株重128～250g，最重370g。其辛辣味浓

①1方等于$10m^2$。

郁，品种优良。

中熟，从定植到收获130～210天，分蘖性弱，耐寒能力强，也耐贮存，耐热抗病中等，但不耐涝。每亩产量4 000kg。

栽培要点：①9月上中旬播种育苗；②封冻前浇水，冬季防寒，畦面上盖土杂肥和少量杂草；③来年春季浇水追肥，5月中下旬定植，行距60～70cm开沟，按株距3～5cm定植；④6月中下旬开始培土，每半月培土一次，共培土四次；⑤9～10月收获。

4.掖选一号

品种来源：原名掖辐一号，是用章丘五叶大葱经辐射处理后的新品种，为山东省莱州市葱又经多年选育而成。

特征特性：株形高大，株高120cm。葱白长60cm，葱白重占全株的60%。辣味轻，叶肉较薄。抗紫斑病和锈病。最高产量达7 850kg，单株平均重0.9kg，比大梧桐增产30%。

栽培要点：该品种是依靠单株发挥增产潜力而实现高产的，每亩种植密度1万～1.2万株，行距67cm，株距6～8cm；秋分至寒露播种育苗，来年4～5月定植，定植后7～10天缓苗，15天内不浇水，重点是中耕划锄，促进根系发育；旺盛生长期要勤浇、重追肥、多次高培土，12月份全部收获。

5.河北巨葱

品种来源：该品种是中国农业大学与河北省故城县巨葱研究中心联合培育的大葱新品种。

特征特性：植株高大，一般株高150～170cm。假茎相长，单株重0.35～1.2kg。味道鲜美，做菜鲜、香浓。具有抗病虫、生长快（比其他品种早上市近1个月）等优点，每亩产量7 000kg。

栽培要点：适合春秋两季栽培，秋播在秋分至寒露之间，春播惊蛰前后播种，麦收后定植到麦田。

二、香葱栽培

（一）种植技术

1.环境的要求

香葱耐寒性和耐热性均较强，发芽适温为13～20℃，茎叶生长适宜温度18～23℃，根系生长适宜地温14～18℃，在气温28℃以上生长速度慢。

因根系分布浅，需水量比大葱要少，但不耐干旱，适宜疏松、肥沃、排水和浇水都方便的壤土和重壤土地块种植，不适宜在沙土地块种植，需氮、磷、钾和微量元素均衡供应，不能单一施用氮肥。

2.种植季节

（1）春茬：1月移栽，3~4月中下旬采收。为抢早上市，可地膜覆盖。

（2）夏茬：4月下旬至6月初移栽，5~7月底采收。此茬可用遮阳网栽培或套种在高秆作物的行间，供应"夏淡"市场。

（3）秋茬：8~9月下旬移栽，9月中下旬至11月上市。秋葱移栽时温度高，可在行间撒些稻麦秸秆降温、保湿。

（4）冬茬：10~11月移栽，1~2月采收。冬季气温低，香葱生长缓慢，生产上多采用"秋延"的办法供应元旦、春节市场。

3.良种选择

选择白花或紫花、辛香味浓郁品种。主要品种有：四季米葱、四川小香葱、鲁葱1号、崇州角葱和各地长期种植的小香葱等。每亩用种量2~4kg。适宜播种期为3~5月和9~10月。

4.整地施基肥

无论播种育苗或是移栽，地块要精细整地和施足基肥。每亩施用腐熟、细碎有机肥3 000kg或膨化腐熟后的鸡粪1 000kg以上。做成1.5m宽、8~10m长的畦，夏季和低洼易涝的地块要做成高出地面15~20cm的高畦，四周有排水沟。

5.播种育苗

采用条播或撒播的方式。播前用50℃温水浸种20分钟，用清水冲洗，晾干后播种。选地势高燥、土质好的地块，做宽1.2m的高畦苗床，施腐熟有机肥作基肥。播种前将苗床浇足底水，每平方米苗床撒播种子4~5g，然后覆盖0.5cm的细土，镇压后浇水。同时，在畦面上覆盖遮阳网或铺设稻草等保湿。播后至长出叶子前保持土壤湿润。

6.移栽定植

播种后40~50天即可移栽，每8~10株一穴，行距12~20cm，穴距8~10cm，宜浅不宜深，以4~6cm为宜，及时浇定植水；也可播种后不经移栽直接采收。

7.田间管理

香葱根系分布浅，吸收力较弱，不耐浓肥，不耐旱涝，必须小水勤浇，并注意雨后及时排除积水。定植缓苗后，及时结合浇水追施尿素5kg或碳铵15kg，一般10~14天追施1次，收获前15天不再追施，还可使用叶面肥，促进葱株嫩绿。出苗前后与移栽成活后土壤不能干旱，宜小水勤浇。幼苗1~3叶期和移栽缓苗后控制浇水，中耕松土1~2次，以促进根系生长，以后一般7~10天浇水一次。若基肥施用偏少，或采收期过长要追肥1~2次，每亩施用腐熟膨化鸡粪300kg，撒于行间并及时中耕，如开穴施用效果更好。后期根部应培土1~2次。

夏季温度高、光照强，要搭棚架覆盖遮阳网。

图2-5　香葱移栽定植

（二）栽培要点

虽然香葱的适应性较广，一年四季均可种植，但由于栽培水平不同，产量高低相差甚远，低的亩产香葱不足1 000kg，高的亩产可达2 000～2 500kg。综合各地香葱栽培的经验，特别是集中产葱区的经验，在技术要点上应抓好以下几个环节：

（1）适期播种。香葱种子发芽的适温为13～20℃，生长的适温为10～25℃，最适温度为15～20℃，选用的种子发芽率要达75%以上。

夏季高温时节，可用遮阳网遮盖降温，冬季可用地膜覆盖或在小拱棚中播种，能够增温促其全苗。

（2）精细整地，施肥改土。香葱宜于在疏松、肥沃的土壤中生长，忌在板结的土壤中生存。播栽香葱之前，地要充分翻晒，尽量压低病虫基数。一般要选用腐熟的有机肥作底肥，每亩栏粪2 000～2 500kg。

（3）厢面适中，密植浅栽香葱的厢面不宜过宽过长，过宽不利于管理，过长不利于排水。一般厢宽1.50～2.0m为宜，厢长15～20m为宜。无论分株繁殖或育苗移栽的香葱，栽的深度宜浅不宜深，密度宜密不宜稀。移栽深度为6～7cm，密度每平方米为200株左右。

（4）浅水勤灌，薄肥轻施。香葱生育期短，茬数多，转换快。直播苗60～80天上市，移栽苗30～40天上市。定植后要浅水勤灌，既不能受旱，也不能受渍。一般10～15天浇一次水。稀水粪按10%～20%的浓度追施，尿素按0.20%的浓度追施。

三、富硒大葱栽培

（一）种植技术

1.品种选择

选用优质、高产、抗病、抗逆、商品性好的品种，如“铁杆王”章丘大葱、中华巨葱、郑研寒葱等。

2.播种育苗

9月下旬至10月上旬播种。用干籽直播，也可用30℃温水浸种6～8小时，除去瘪籽和杂质，将种子上的黏液洗净，用湿布包好，放在16～20℃的条件下催芽，每天用清水冲洗1～2次，60%种子露白即可播种。春季葱的种子必须采用新籽，每亩用种量3kg，浇足底水，水渗后将种子均匀撒播于床面，覆细土0.8～1cm厚。在播种后出苗前，用33%除草通乳油每亩120g兑水30～50kg喷洒床面。

3.苗期管理

幼苗出土后及时除草，幼苗伸腰时浇1次水。真叶长出后，根据天气情况再浇1次水。如遇干旱可随时浇水，封冻前浇1次封冻水。春季返青后浇1次水，水量不宜大。结合灌水追肥，追肥2～3次。栽前20天禁止追肥灌水。株高30～40cm，6～7片叶，茎粗1～1.5cm，无分蘖，无病虫害。

4.整地施肥

定植前深耕细耙，在中等肥力条件下结合整地，每亩施腐熟厩肥或禽肥3m^3、纯氮肥3kg（折合尿素6.5kg）、纯磷肥5kg（折合过磷酸钙42kg）、纯钾肥5kg（折合硫酸钾10kg）。以含硫肥料为好。按行距开沟，沟深30cm，磷钾肥均匀施在沟底，将土肥混合均匀。

（二）栽培要点

1.定植

4月中旬至5月上中旬为大葱的适栽期，晚茬葱也可延至6月中下旬，挑选、分级、剪根（3～5cm）、栽苗、培土和灌水等连续作业。定植沟距70cm，株距3～5cm，定植深度以不埋没心叶为宜，定植后灌水。

2.田间管理

（1）铲趟培土。一般分四次进行。第一次在生长盛期前，培土至沟深的一半；第二次在生长盛期开始以后，培土与地面相平；第三次培土成浅垄；第四次培土成高垄。每次培土以不埋没葱心为度。

（2）追肥。第一次追肥在第一次铲趟时进行；第二次追肥在第二次铲趟前进行。每亩施复合肥15～20公斤。

（3）浇水。灌水前期处于半休眠状态，不必灌水。8月中旬以后适量灌水。生长盛期即葱白形成时期，要多次大量灌水。

（4）喷施富硒营养液。富硒营养液的施用方法是，在大葱第二次铲趟培土后稀释1 000～1 500倍喷施，共喷三次，每次间隔15天。随兑随用。不可与杀菌剂和农药混用。喷施后6小时内下雨应重新喷施。1kg大葱含硒46μg。

第二节　葱的病虫害及防治

一、大葱病虫害

大葱的病害有葱类猝倒病、霜霉病、紫斑病、锈病、炭疽病、黄矮病、黑斑病、疫病、灰霉病、菌核病、葱白色斑点病、叶腐病和葱线虫病等。

这里主要介绍葱类猝倒病、霜霉病、紫斑病、灰霉病、锈病、黑斑病等。虫害主要有葱地种蝇、葱白潜叶蝇、葱蓟马、蝼蛄、蛴螬等。

（一）病害

1.大葱猝倒病

症状：猝倒病是育苗期重要病害之一。猝倒病在出苗前往往造成烂种和烂芽，导致不能出苗。出苗后，在葱秧基部产生水渍状浅黄褐色病斑，似水烫状，呈暗褐色；继而绕茎一周使基部变成细缢缩倒伏，在低温高湿条件下该病发展迅速，造成大片死苗，病残体及附近地表上长出一层白色絮状物，即为病菌的菌丝体和孢子囊。

防治措施：

（1）无病土育苗或土壤苗床消毒。每平方米可用64%杀毒矾可湿粉25g加细干土10～15kg拌匀，下铺，上盖。

（2）加强苗床管理。苗床选用地势高燥处，并施充分腐熟的有机肥；增温保温，控温控水，发现病苗及时剔除。

（3）化学防治。发现病苗及时喷施58%瑞毒锰锌500倍液或64%杀毒矾500倍液，隔5～7天1次，连用2～3次。

2.大葱紫斑病

症状：大葱紫斑病是大葱的重要病害，还可危害葱头、大蒜等。其主要危害叶片和花梗，也可危害叶鞘，病斑初为水渍状小白点，稍有凹陷，后扩大成椭圆形或梭形，呈褐色或暗紫色，周围常有黄色晕圈。数个病斑愈合成长条形大斑。潮湿时，病部产生同心轮纹状排列的深褐色或黑灰色霉层，发病重时引起叶、梗枯死或折倒。种株花梗发病率高，常使种子皱缩，不能充分成熟，影响种子产量和质量。

图2-6　大葱紫斑病

防治措施：

（1）农业防治。施足底肥，增施磷钾肥，加强田间管理，提高植株抗逆抗病能力。实行与非葱类作物2～3年轮作。收获后清洁田园，将病残体深埋或烧毁。

（2）种子处理。无病地留种，选用无病种子，播前用40%甲醛300倍液浸种3小时，浸后用清水洗净或48℃温水浸种20分钟即投入冷水冷却，晾干播种。

（3）药剂防治。发病初期喷施70%达克宁可湿性粉剂600倍液或可用70%雷多米尔锰锌可湿性粉剂500倍喷雾防治，隔7～10天喷一次，连续喷2～3次。

3.大葱霜霉病

症状：大葱霜霉病是大葱的常见病害，发生比较普遍，或明显降低产量和品质。主要危害叶片和花梗。染病后初期在叶或花梗上产生卵圆形黄白色斑点，边缘不明显，病斑扩大联合，沿叶、梗呈筒状发展，干燥时变为枯斑。叶片的中下部受害时，病部以上的叶片下垂干枯。假茎感病，病部多破裂，植株弯曲。鳞茎感病，可引起系统侵染，病株矮化，叶片扭曲畸形，呈苍白绿色，湿度大时表面遍生黄白色绒状物，后呈暗灰紫色霉层。

图2-7　大葱霜霉病

防治措施：

（1）农业防治。选择地势高、排灌方便的田块种植，并与粮食作物实行2～3年轮作。收获时，清除田间病残体，施足有机底肥，增施磷钾肥，合理密植，定植时剔除病苗，防止大水漫灌。

（2）种子消毒。用种子量0.4%的25%瑞毒霉拌种，或用50℃温水浸种25分钟，再浸入冷水中，晾干后播种。

（3）药剂防治。72.2%普力克水剂800倍液或69%安克锰锌可湿性粉剂800倍液或1.5%多抗霉素可湿性粉剂400倍液交替喷雾防治，7～10天喷1次，连续喷2～3次。

4.大葱灰霉病

大葱灰霉病又称白色斑点病，是大葱的主要病害，主要危害叶片，初期在叶上呈白色椭圆形或近圆形斑点，多由叶尖向下发展，逐渐连成片，使叶尖卷曲枯死。湿度大时，枯叶上出现大量的灰色霉层。

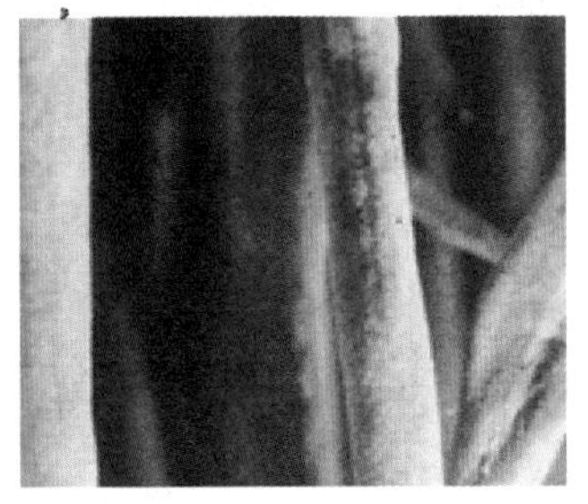

图2-8 大葱灰霉病

防治措施：

（1）农业防治。选用抗病品种，增施有机肥料，合理增施磷钾肥，加强田间管理。墒大时及时中耕散墒降湿，保证大葱健壮生长。

（2）药剂防治。轮换喷施50%多菌灵或70%甲基托布津可湿性粉剂800～1 000倍液。

5.大葱锈病

症状：大葱锈病发生普遍，是大葱的主要病害，春末夏初开始发生，秋季危害最重，主要危害叶、花梗，有时也危害绿色茎部。发病严重时，葱叶上布满大大小小病斑，造成叶梗干枯。

图2-9 大葱锈病

防治措施：

（1）农业防治。大葱喜肥，应施足有机肥，增施磷钾肥，小水勤浇，提高植株抗病能力。移栽时剔除病苗弱苗，摘除病叶，清除病残体。

（2）药剂防治。可选用25%粉锈宁可湿性粉剂2 000倍液或70%代森锰锌可湿性粉剂1 000倍液喷雾防治，隔7～10天喷1次连喷2～3次。

6.大葱黑斑病

症状：大葱黑斑病近几年来已上升为主要大葱病害，主要危害叶片和花梗，后期病斑上密生黑绒状霉层，分生孢子梗及分生孢子，发病严重植株叶上部萎黄干枯或茎秆折。

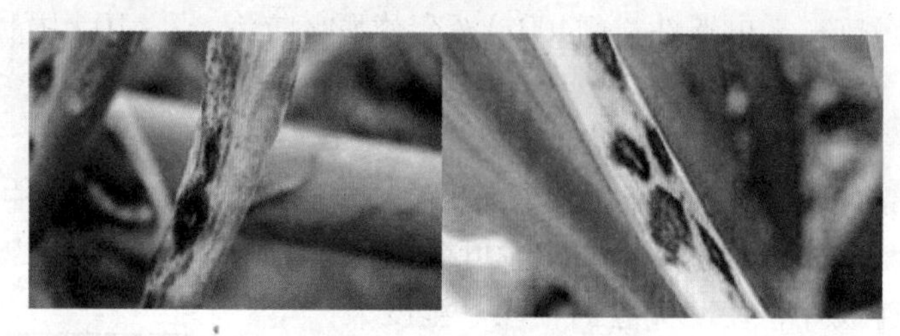

图2-10　大葱黑斑病

防治措施：

（1）农业防治。施足有机底肥，增施磷钾肥，合理密植，清除田间病残体，重病地实行2～3年非葱类作物轮作。加强田间管理，大雨后及时排水，促进植株稳健生长，提高植株抗病能力。

（2）药剂防治。发病初期可用75%百菌清可湿性粉剂600倍液，或50%扑海因可湿性粉剂1 000倍，或70%大生可湿性粉剂600倍，隔5～7天喷1次，连喷3～4次。

7.大葱软腐病

大葱细菌性软腐病有逐年上升的趋势。一般先从茎基由下向上扩展，初侵染呈水渍状长形斑点，后产生半透明状灰白色病斑，接着叶鞘基部软化腐烂，致叶片折倒，病斑向下扩展，假茎部染病初呈水浸状，后内部开始腐烂，散发出细菌病害所特有的恶臭味。

图2-11　大葱软腐病

防治方法：

（1）增施有机肥，培育壮苗。适期卢栽，勤中耕，浅浇水，增施磷钾肥，防止氮肥过多。

（2）及时防治地下害虫和地上害虫，减少人为伤口。

（3）化学防治。发病初期选用77%可杀得可湿性粉剂500倍液，或72%硫酸链霉素可溶性粉剂2 000倍，视病情隔7～10天1次，连防2～3次。

（二）虫害

1.葱类地种蝇

葱类地种蝇又名葱蝇、葱蛆，危害葱类、蒜等百合科葱。

1）危害情况

幼虫蛀入葱蒜等鳞茎取食，一个鳞茎常有幼虫十几头。受害的鳞茎被蛀食成孔洞，引起腐烂，叶片枯黄、萎蔫，甚至成片死亡。

2）防治方法

（1）预测预报，抓住成虫产卵高峰及孵化盛期，及时防治。通常用诱测成虫的方法，配方是1份糖、1份醋、2.5份水，加少量敌百虫拌匀。诱蝇器用大碗或小盆，先放入少许锯末，然后倒入适量诱剂，加盖，每天在成虫大量活动时开盖，当盆内诱蝇数量突增时即为成虫发生盛期，应立即防治。

（2）成虫有趋腐性，故田间忌用生粪，农家肥要充分腐热，施匀并深施。

（3）栽葱时要严格剔除受害苗，或用500倍乐果乳剂短时浸泡葱苗根茎，可杀死内部幼虫。

（4）药剂防治，一是成虫产卵时，可用灭杀毙6 000倍液，或2.5%溴氰菊酯3 000倍液，7天喷一次，连喷2～3次。二是已发生葱蝇的菜田，用50%辛硫磷乳剂800倍液，或40%乐果乳剂1 000倍液灌根杀蛆。

2.葱斑潜叶蝇

葱斑潜叶蝇又称潜叶蝇、叶蛆等，危害大葱、洋葱、韭菜、蒜等百合科及甘蓝、萝卜等。

1）危害情况

幼虫终生在叶内曲折穿行，潜食叶肉。叶片上可见到曲折的蛇形隧道，叶肉被害，只留上下两层白色透明的表皮，严重时，每片叶可遭到十几条幼虫潜食，叶片枯萎，影响光合作用和产量。

2）防治方法

（1）清洁田园：收获后清除残枝落叶，深翻冬灌消灭虫源。

（2）药剂防治：在产卵前消灭成虫，成虫发生盛期喷灭杀毙6 000倍液，或

40%乐果乳剂1000~1500倍液每5~7天喷一次。幼虫危害时，喷40%乐果乳剂1000~1500倍液，或25%喹硫磷乳油1000倍液，在收获前1周停用，共喷2~3次，并轮换施用。

3.葱蓟马

葱蓟马又名烟蓟马、棉蓟马等，危害大葱洋葱、蒜、韭菜等百合科葱及烟草，棉花等作物。

1）危害情况

成虫、若虫都能危害，以刺吸式口器危害植物心叶、嫩芽的表皮，舐吸汁液，出现针头大小的斑点，严重时使葱叶失去膨压而下垂、弯曲，叶尖枯黄发白。

2）防治方法

（1）清洁田园：及早将越冬葱地上的枯叶、残株清除，消灭越冬的成虫和若虫；适时灌溉，尤其是早春干旱时要及时灌水。

（2）药剂防治：及时喷洒40%乐果乳油1000倍液，或50%马拉硫磷乳油1000倍液，或50%辛硫磷乳油1000倍液混合喷雾。

二、香葱病虫害防治

按照“预防为主，综合防治”的原则，优先采用农业防治、生物防治、物理防治，科学合理地使用化学防治，禁止使用高毒高残留农药。农药使用严格执行GB/T8321的规定。

（1）农业防治：选用抗病品种，合理布局，实行轮作倒茬，进行种子处理，合理施肥，加强中耕，清洁田园，减少虫源。

（2）生物防治：保护天敌，创造有利于天敌生存的环境条件，选择对天敌杀伤力低的农药，如阿维菌素、BT乳剂、农用链霉素等。

（3）物理防治：每公顷设置1盏频振式杀虫灯诱杀害虫成虫；每亩挂20~30块黄板诱杀害虫成虫；将糖、醋、水、90%敌百虫晶体按1:1:3的比例配成溶液，每亩放置3~4盆，诱杀害虫成虫。

（4）化学防治：土壤消毒，病虫害发生严重的田块，整地时每亩用50%多菌灵，或70%敌克松1~2kg，加3%辛硫磷颗粒剂1.5kg，与细土混匀全田撒施。

（5）主要病虫害防治：病虫防治主要有霜霉病、灰霉病、紫斑病和蓟马、潜叶蝇等危害。尽可能采用农业防治和物理防治的方法，病虫害较重时可采用生物或低毒、低残留农药防治。防治霜霉病可用68.75%银法利、72.2%普力克；防治灰霉病可用40%施佳乐；防治紫斑病可用70%甲基托布津、70%代森锰锌；防治蓟马可用20%百福灵；防治潜叶蝇可用1%宝龙。

以上病虫害每7～10天防治1次，连防2～3次，药剂要交替使用。

第三节　大葱的采收与贮藏

一、大葱采收

大葱的收获期因栽培形式、气候条件、市场需求和生长程度不同而异，要灵活掌握。比如在大葱产量未达到高峰之前，由于市场紧缺，价格较高，这时可以提前收获，虽然提前收获产量受到一定影响，但效益却大幅度提高。如果作为鲜葱上市，叶片和假茎同时食用，则在管状叶生长达到顶峰时是大葱的产量高峰，也是收获适期。

葱白在35cm左右，85%以上假茎粗1.5～2.2cm（留3片内叶），可开始采收。春播一般在4月中下旬开始采收。作为原料大葱，要求不失水、弯曲程度小，在水平面上弯曲一般不超过2cm，组织鲜嫩、质地良好、无病虫害、无机械伤、无腐烂。采收大葱应选择晴天无风时进行。露水干后，用四齿耙或铁锹掘开垄台一侧，露出葱白及毛根，轻轻拔出，抖去泥土，剔除明显不合格葱，将目测合格的大葱用大小适宜的长方形塑料编织袋打包成小捆，防止葱叶折断，每捆一般3kg。收获后立即运往加工厂，运输时大葱要立放在车的排架上，不得叠放。运输装卸要轻拿轻放。

二、大葱采后处理

如果将大葱作为鲜葱上市，须将收获后的大葱去枯叶、黄叶，抖去泥土，然后根据不同的销售目的所要求的标准再做进一步加工处理。经过初步整理的大葱产品还需进行分级等项处理才能称得上商品，同时还要根据不同的销售对向，确定标准后再进行分级。作为净菜上市的分级后的大葱应按同一品种、同一规格分别包装。包装物大小要求一致、牢固，保持干燥清洁无污染。其中包装用原纸和聚乙烯成型品等必须符合国家无公害葱包装品卫生标准。包装物外必须注明无公害农产品标志、产品名称、产品的标准编号、生产者名称、产地、净含量和包装日期等。

三、大葱的贮藏

（一）贮藏条件

大葱属于耐寒性葱，贮藏温度以0～1℃比较适宜。温度过高，呼吸加强，抗逆性下降，加之微生物活动加强，易导致腐烂，同时会导致大葱结束休眠提早抽薹，还会导致大葱所含芳香物质加快挥发而丧失特有的风味品质。贮藏温度过低，大葱受冻，虽然产品还可食用，但消耗较大。

大葱贮藏的空气相对湿度80%～85%比较适宜。通风是大葱贮藏的特殊要求，这是因为空气流通能使大葱外表始终保持干燥，可有效地防止贮藏病害的发生。

（二）贮藏方法

1.地面贮藏法

在墙北侧或后墙外阴凉干燥背风处的平地上铺3～4cm厚的沙子，把晾干的大葱根向下叶向上码在沙子上，宽1～1.5m，码好后葱根四周培15厘米高的沙子，葱堆上覆盖草帘子或塑料薄膜防雨淋。

2.沟贮法

在阴凉通风处挖深20～30cm，宽50～70cm的浅沟，沟内浇透水，等水渗下后，把选好晾干的10kg左右的大葱捆码入沟内，用土埋严葱白部分，四周用玉米秸围一圈，以利通风散热。上冻前加盖草帘或玉米秸。

3.架贮法

在露天或棚室内，用木杆或钢材搭成贮藏架，将采收晾干的10kg左右的葱捆依次码放在架上，中间留出空隙通风透气，以防腐烂。露天架藏要用塑料薄膜覆盖，防止雨雪淋打。贮藏期间定期开捆检查。

4.窖藏法

在气温降到10℃以下时，将晾干的10kg左右的葱捆入窖贮藏。保持窖内0℃的低温，防热防潮。

5.冷库贮藏法

将无病虫害、无伤残、晾干的10kg左右的葱捆放入包装箱或筐中，于冷库中堆码贮藏。库内保持-1～0℃，空气湿度80%～85%，避免温度变化过大。定期检查葱捆，发现葱捆中有发热变质的及时剔除，防止腐烂蔓延。发现葱捆潮湿，通风又不能排除时，需移出库外，打开葱捆重新晾晒再入库。

四、香葱采收

定植后30～40天，当苗高长到30～35cm、假茎粗0.5～0.6cm时就可以采收上市了。香葱采收时，应该选择在晴暖的天气进行，因为这时有利于保持香葱的品质和质量。采收时把握住香葱的根基部，然后用力连根拔出。采收好的香葱应去除枯萎、变黄的病虫叶，然后用草绳把每2～3kg香葱捆绑成一捆。捆绑后在清水中洗净根部泥土，泥土洗净后就可以运到市场销售了。

第四节　大葱的留种技术

一、大葱留种法

在大葱收获时，挑选具备品种特征的植株，稍在田间晾晒，立即整株栽到有隔离条件、不重茬的地块里。沟的宽、深30～35cm，沟距70～80cm，每沟可栽1～2行，行距10cm，株距5cm。单行每亩栽17 000～19 000株，双行33 000～38 000株。每亩施优质农家肥3 000kg，尿素15kg或复合肥20kg，施入沟中。先刨垄沟，使粪土掺匀，然后插葱。在封冻前进行培土。翌年2月，垄背有萌发的新叶时，标志着种株开始返青，要及时剪去上部20cm的枯梢，平去培土。3月上旬浇返青水。4月中下旬至5月上旬为盛花期，要及时追施尿素或复合肥，每亩15～20kg。抽薹期应控制浇水，花期及时浇水，保持地面湿润，但要防止积水沤根。开花期经常抚摸花球进行人工辅助授粉，并注意防治病害。亩产种子50kg左右。

二、香葱留种法

分葱和香葱大都采用分株繁殖，需设专门留种田，不加采收。留种田栽培与生产大田相同，但氮肥施用量要适当减少磷，钾肥要适当增加。一般春季栽植的留种田可用于秋季分株栽植；秋季种植的留种田可用于第二年春季分株栽植。一般每亩留种田可分株栽植生产大田8～10亩。

第三章　葱加工的基本原理

第一节　保鲜葱加工原理

蔬菜的保鲜方法主要有低温贮藏保鲜技术、气调贮藏保鲜技术、冷杀菌贮藏保鲜技术、保鲜剂贮藏保鲜技术等。低温贮藏是保鲜葱贮藏的主要手段。

一、葱采收后的贮藏特性

葱采收后容易腐败变质。导致葱变质的原因主要有葱的呼吸作用、微生物和机械损伤。葱采收后仍然是"活"的、有生命的有机体，有旺盛的呼吸和蒸发等生理代谢活动，从而分解消耗葱的能量和营养成分，并释放出呼吸热，易使葱变质、变味、腐烂，造成严重损耗。葱在田间发病后，带病品在贮藏期均可继续蔓延危害，也会使葱在运输和贮藏期腐烂变质，造成损失。葱在装卸、运输过程中会受到一些外力的作用，在受到挤压和碰撞时会发生破碎、擦伤、挤伤断裂等。损害重的葱不能成为商品，甚至失去食用价值；损伤轻的葱也易受到病菌的侵染，造成腐烂，导致更严重的损失。

因此，葱采收后一定要做好贮藏保鲜，有效延长葱的贮藏期，保证旺季不烂、淡季不断，不仅可以保证市场供应，而且能增加生产经营者的收入，而不良的环境则会增大损失。

二、低温贮藏保鲜特点

低温贮藏保鲜技术是指在0~10℃之间的环境条件下进行贮藏的方法，低温可以降低蔬菜的各种生理生化反应的速度，抑制蔬菜的呼吸代谢和酶的活性，延缓微生物的生理代谢、病原菌的发病率和蔬菜的腐烂率，延缓成熟衰老，抑制褐变，延长蔬菜贮藏期。

目前，低温贮藏是保鲜蔬菜较为有效的方法之一，冷藏库是使用最普遍的低温贮藏设施，适宜贮藏的蔬菜种类较多，具有不受自然条件的限制、简单易行、可长期贮藏等优点。

三、保鲜葱的低温贮藏

影响和制约葱的贮藏寿命的主要外界因素是温度、湿度等。采收后要尽量降低其呼吸强度和微生物的侵害，以保持其优良的品质。

低温贮藏是采用高于葱组织的冻结点的较低温度来实现葱的保鲜，能有效降低葱的呼吸代谢、病原菌的发病率和腐烂率，达到阻止组织衰老和微生物繁殖，延长葱贮藏期的目的。低温贮藏也是保鲜葱贮藏的主要手段。

第二节　脱水葱加工原理

一般干燥理论是其最基本的理论基础。首先它包括各种果蔬的传热传质规律及其模型的建立和分析，环境物理因素、干燥设备结构因素和物料本身状态等干燥因子对干燥质量的影响规律，以及各种控制条件下一般性的和特定的指标测量和分析。其次，食品化学理论是脱水蔬菜加工过程中必不可少的。它包括水分、维生素、矿物质、糖类和蛋白质等专项研究，以及生物自由基化学和酶学等相关理论。

一、葱脱水后的物理化学特性

（一）葱脱水后的物理特性

葱脱水后其水分含量降至4%～13%，水分活度降至0.17左右，使微生物和酶处于不活动状态，产品密封或真空包装即可长期保存达2～3年；与新鲜原料相比，质量会减轻10～20倍；产品一般3～10分钟内即可复鲜，复水比为1:3.5～5，复鲜度大于90%。此外，葱脱水造成了不适合微生物生长的环境条件，防止了微生物，特别是致病菌的生长繁殖，达到防腐、保鲜的效果。

（二）葱脱水后的化学特性

葱细胞组织脱水后，引起蛋白质化学特性改变，细胞膜透性加强，细胞的结构和功能发生改变，细胞水解，一些贮藏物质和部分结构物质，如糖、蛋白质以及少量的脂肪物质，在酶的作用下分解成简单物质如双糖转化成单糖，蛋白质和多肽分解成氨基酸，原果酸分解成果胶酸。这一变化可以使葱脱水后风味有所提高，鲜、甜味有所增加，可溶性和不稳定的成分损失大，而不溶性成分、矿物质损失较小。由此可见，作为葱深加工产品的一种，脱水葱具有质量轻、食用方便、贮存时间长、营养成分不流失等优点，是一种极具开发潜力的葱深加工产品。

二、脱水干燥主要方法

目前，市面上以鲜葱、传统热风干燥葱及冷冻干燥葱最为常见，且由于葱干品在贮藏及运输方面的优势，使其在出口贸易总量中占较大比例，产品远销日本、欧美等地。微波真空干燥技术因其低温短时和高效节能等特点，已逐渐成为现代干燥加工的有效手段。脱水干燥主要方法如下：

（1）热风干燥法：该方法把经加热的空气强制通过待干燥物品，已广泛用于固体食品的干燥。从室外送风入干燥室的方式有旋风式和热风式，可根据食品的种类、所需干燥的程度调节温度、温度及风速等工作条件，选择适合自己的方式。

（2）真空干燥法：用这种方法可减少食品与空气的直接接触，并可在较低的温度下进行食品的干燥，其优点是食品的成分变化小，复原性能好，缺点是能量消耗较大。

（3）冻干法：该方法把食品先进行冻结，再置真空中干燥，因水分升华而去除。这种方法的优点是食品未受热，成分变化小，形状几乎无变化，贮藏性能优良，也具有很好的复原功能；缺点在于食品失去一定的硬度，易吸湿和发生脂肪的氧化及费用较高。

（4）微波干燥、冷冻真空干燥是在温度较低下进行，对保持热敏、氧敏物质都是比较好的方法。微波干燥深度比远红外线还大，里表水分一齐干，干燥快，复水性好（含水量20%以下者才比较合算）。

第三节 葱油加工原理

大葱所具有的功效绝大部分在于大葱油，但是在我们平常所吃的大葱中，大葱油所占的比例非常小，平时餐饮中摄取的大葱量较难产生出有效的功效，因此我们可以考虑改善抽提方法，有效地抽提浓缩大葱油，提高大葱油的得率。

目前国内比较常见的抽提方法有溶剂提取法、水蒸气蒸馏法和超临界二氧化碳萃取法。

一、水蒸气蒸馏法

水蒸气蒸馏法主要用于分离与提纯有机化合物，此类有机化合物需不溶于水并具有较强的挥发性。当大葱均浆与水的混合浆状物的压力与外界大气压相等的时候，混合浆状物会沸腾，混合浆状物中任何一个组分的沸点都比混合浆状物的沸点高；大葱油中存在的含硫化合物沸点较低，分子量较小，容易与水分子形成氢键，与水共沸时，分压较高，因此可以在常压下，低于

100℃时将大葱油蒸馏出来。目前，国内外利用常温减压水蒸气蒸馏法抽提大葱油的技术已经比较成熟。该工艺的主要特点为：将大葱粉碎后，在较高真空度下（0.02～0.002mmHg）进行减压水蒸气蒸馏，蒸馏混合液在低于25℃时可以沸腾，然后采用液氮冷却，冷凝收集油水混合物，再利用有机溶剂萃取即可分离得到大葱油。

二、溶剂提取法

溶剂提取法的原理：利用不同物质在溶剂中的溶解度差异，极性相似互相溶解充分，极性差异越大越不容易互相溶解，以此达到分离提纯的目的。在萃取充分完全后，设定一定的真空度，加热使溶剂充分挥发，溶剂挥发完全后会剩下一些比较黏稠的液体，主要成分是精油，既含有少量的挥发性物质，也有部分的不具挥发性的物质，因而基本上具有原料的全部风味成分。大葱油中的含硫化合物如硫代亚磺酸酯类化合物呈弱极性，可直接采用弱极性有机溶剂从破碎的大葱浆中抽提大葱油。

目前研究报告报道的用溶剂法提取大葱油的常见工艺是：

大葱→预处理→破碎打浆→酶解→溶剂萃取→脱水→真空脱溶→大葱提取物

三、超临界二氧化碳萃取法

自然界所有物质都有三种状态：气态、液态、固态。对于普通物质来说，在常压状态下，气相和液相平衡时，两种相态的物理状态会差别很大，如比重、黏度等；而随着压力的提高，这种性质差异会逐渐变小，当温度和压力达到某一数值时，两相差别消失变成一相，这个消失点被定义为临界点，该点的温度定义为临界温度Tc；压力定义为临界压力Pc。当温度和压力超过此临界点时，此时流体的性质介于液体和气体之间，定义为超临界流体。在超临界状态下用超临界流体进行提取的技术称为超临界萃取法。许多学者从微观角度解释了超临界萃取原理，认为在超临界流体中，溶剂分子在溶质分子周围缔合，因为缔合现象，使溶剂与溶质分子之间的作用力增强了，从而使溶质更容易溶解；由于溶质的不同，这种作用力也会不一样，溶剂分子可以有选择地与溶质分子形成“聚合体”，从而达到分离的目的。不同物质一般具有不一样的物理化学性质，溶解度一般也会不同。在超临界流体中被萃取物质的溶解度，不仅与比重的大小密切相关，而且还与溶质分子和超临界流体分子之间的亲和力大小密切相关。化学分子结构相似的物质，总是依各组分蒸汽分压高低顺序进入超临界流体，因此超临界萃取同时具有液相萃取和精馏的特性。溶质分子与超临界流体分子之间的极性差异越大，分子之间的作用力越小，溶质的溶解度就越低。为了使溶质的溶解度提高，往往会在流体中添加少许的第三种组分，以便使溶质的溶解度提高，或使不同溶质的溶解选择性提高，这种组分一般被定义为夹带剂。目前在国内食品工业中应用比较广泛的流体是二氧化碳，这主要是由于二氧化碳有如下优点：

第一，超临界二氧化碳流体扩散度较高，黏度较低，临界比重大，而且比重随压力的增加升高很快，因此溶解力强。

第二，有杀菌除毒、抗氧化的作用，生成的一次产品无菌。

第三，二氧化碳非常容易得到而且价格非常便宜，纯度较高。

第四，没有爆炸风险，稳定性好，不会与萃取产品和萃取原料发生化学反应。

第五，临界温度较低为31.2℃，尤其适宜于萃取化学稳定性较差和对热较敏感的物质。

第六，二氧化碳具有较强的挥发性，没有气味，很方便与溶质分离，萃取完全后不会残留在产品中，产品品质优良，安全可靠。

四、超声波

超声波是一种频率为20～50MHz的电磁弹性波，它能产生并传递强大的能量。当超声波作用于液体，在振动处于稀疏状态时，超声波比电磁波穿透性更深，停留实际时间更长，使液体被击成很多小空穴，并且在一瞬间就闭合，闭合时可产生3 000MPa的瞬间压力。研究表明，利用超声波可以加速各种成分进入溶剂，有利于植物中有效成分的转移、扩散与提取，从而提高提取效率，缩短提取时间，节约溶剂，并且免去高温对提取成分的破坏。超声波用于提取多糖类化合物、黄酮类化合物、皂普类化合物、蛋白质类化合物、油脂类化合物、有机酸类化合物的技术已经成熟。超声波空化时产生极大压力和局部高温，可提高细胞壁的通透性，并可在瞬间造成细胞壁及整个细胞破裂，使细胞内各成分迅速释放，直接接触溶剂并溶解在其中。

本书中葱油的生产方式主要是热植物油浸提。浸提就是通过系统中不同组分在溶剂中有不同的溶解度来分离混合物的单元操作，即将样品浸泡在溶剂中，将固体样品中的某些组分浸提出来。

葱调味油是葱提取物和植物油的混合物，其兼顾了花椒辛麻味和植物油不饱和脂肪酸的营养价值，是目前最受欢迎的产品之一。

第四章　葱加工产品主要原料及辅料

第一节　葱加工产品主要原料

一、大葱种类

（1）普通大葱：品种多，品质佳，栽培面积大。按其葱白的长短，又有长葱白和短葱白之分。长葱白辣味浓厚，著名品种有辽宁盖平大葱、北京高脚白、陕西华县谷葱等；短葱白短粗而肥厚，著名品种有山东章丘大葱、河北的对叶葱等。

图4-1　章丘大葱

（2）分葱：它是大葱的变种，叶色浓，葱白为纯白色，辣味淡，品质佳。

图4-2　分葱

（3）楼葱：其别名龙爪葱、楼葱、龙角葱、羊角葱，是中葱的一个变种，洁白而味甜，葱叶短小。楼葱的葱香味极浓郁，是一个极少见的葱种类。

图4-3　楼葱

（4）胡葱：其多在南方栽培，质柔味淡，以食葱叶为主。胡葱原产于中亚，未发现野生种，有人推测是洋葱演化而来的。

图4-4 胡葱

二、香葱种类

（1）西昌小香葱（琅环小香葱）是四川省凉山彝族自治州西昌市琅环乡的特产。琅环乡小香葱的叶、葱白、鳞茎、须根都能食用，其食用率在95%以上，比一般的细香葱具有更加浓郁的香味。西昌小香葱为获地理标志保护的产品。

（2）李集香葱是湖北省武汉市新洲区李集街的特产。其外观清秀，色泽深绿，肉质鲜嫩，香味醇正，深受广大消费者青睐。李集香葱为国家农产品地理标志保护产品。

（3）太仓香葱是江苏省苏州市太仓市的特产。太仓香葱管细色绿、香味独特浓郁，乃调味保健佳品。

（4）兴化香葱是江苏省泰州市兴化市的特产。兴化香葱种植历史悠久，因其得天独厚的产地生态环境，品质优良，香味浓郁。兴化被国家授予"中国香葱之乡"称号。兴化香葱获国家地理标志证明商标。

（5）肖港香葱是湖北省孝感市孝南区肖港镇的特产。肖港香葱以其叶嫩、柱绿、筒厚、葱白长、产量高而远近闻名，香葱常年种植规模居全国之最。肖港香葱为获地理标志保护的产品。

（6）五峰香葱是湖北省宜昌市五峰土家族自治县的特产。新桥公司引进适于规模化生产加工的德国香葱，成功种植并在五峰地区推广。2003年新桥公司采用真空冻干技术存储香葱，打开欧盟市场。2012年，该公司"特妙"被认定为湖北省著名商标；"五峰香葱"获准国家工商总局注册，成为地理标志证明商标。

葱品种来源及特征见表4-1。

表4-1　葱品种来源及特征

编号	品种	来源	特征	编号	品种	来源	特征
1	大梧桐 1	山东	分蘖弱	19	原藏大葱	日本	分蘖弱
2	建平鳞棒葱 1	辽宁	分蘖弱	20	吉叶晚袖一本葱	日本	分蘖弱
3	建平鳞棒葱 2	辽宁	不分蘖	21	玉郡直树	日本	分蘖弱
4	朝阳鳞棒葱	辽宁	分蘖弱	22	长悦葱	日本	不分蘖
5	凌源鳞棒葱 1	辽宁	不分蘖	23	高脚白	北京	分蘖弱
6	赤水六号葱	陕西	分蘖弱	24	呼市胭脂红	内蒙古	分蘖强
7	致农气煞风	山东	分蘖弱	25	玉田五叶齐	河北	不分蘖
8	玉田大葱 1	河北	分蘖弱	26	玉田大葱 3	河北	分蘖弱
9	玉田大葱 2	河北	不分蘖	27	冬灵白	天津	分蘖弱
10	冬灵白二号	辽宁	不分蘖	28	天津五叶齐	天津	分蘖弱
11	五叶齐	天津	不分蘖	29	高原一品	日本	不分蘖
12	秦海洋	河北	分蘖弱	30	北海道寒葱	日本	分蘖弱
13	中华巨葱	北京	分蘖弱	31	南方细香葱	上海	分蘖强
14	隆饶鸡腿葱	河北	分蘖弱	32	凌源鳞棒葱 2	辽宁	不分蘖
15	台湾菜葱	台湾地区	分蘖弱	33	北方分葱	黑龙江	分蘖强
16	细香葱	上海	分蘖强	34	杂交葱	辽宁	分蘖弱
17	云南安宁葱	云南	分蘖弱	35	章丘大葱	山东	分蘖弱
18	一本太	日本	分蘖弱	36	大梧桐 2	山东	分蘖弱

第二节 葱加工产品主要辅料

在加工葱油、葱酱等产品过程中需要用到辣椒、花椒、生姜、大蒜、八角、山柰、食盐、糖、味精和食用油等原料来增加调味品的风味，并起到延长保质期的作用。

一、花椒

花椒，可孤植又可作防护刺篱。果皮可作为调味料，并可提取芳香油，也可入药，种子可食用。别名：香椒、大花椒、青椒、青花椒、红椒、红花椒、大红袍；因其味麻，又称作麻椒。花椒果实含挥发油，挥发油中含柠檬烯、枯醇，亦含有牻牛儿醇、植物甾醇及不饱和脂肪酸。青川椒果实含挥发油，油中含异茴香脑、佛手柑内酯和苯甲酸，可除各种肉类的腥气。

花椒呈1～2个相连球形果，或开裂成只基部相连的两瓣状。直径4～5mm。果皮表面呈红色、紫红色或红棕色，极皱缩，有多数突起又凹下的油腺；内果皮光滑，呈淡黄色，有的残存黑色球形种子。其香气浓厚，味麻辣而持久。

青椒呈1～3个相连的球形果，或每果开裂成两瓣状，果顶端短小喙尖，直径3～4mm。果皮表面呈草绿色、黄绿色或棕绿色，有网纹及多数凹下的点状油腺；内果皮呈灰白色或淡黄色。其味微甜而后辣。

全国花椒的种类很多，分为汉源花椒、韩城花椒、武都花椒、西昌花椒和山东花椒等。

花椒的选料可参照GB/T30391。

图4-5 花椒　　图4-6 青花椒

二、生姜

生姜是常用调味植物，为多年生草本植物姜的新鲜根茎，高40～100cm。其品种有：青州竹根姜、山农一号生姜、青州小黄姜。别名有姜根、百辣云、勾装指、因地辛、炎凉小子、鲜生姜、蜜炙姜。姜的根茎（干姜）、栓皮（姜皮）、叶（姜叶）均可入药。生姜在中医药学里具有发散、止呕、止咳等功效。生姜含有辛辣和芳香成分。辛辣成分为一种芳香性挥发油脂中的“姜油酮”，其中主要

为姜油萜、水茴香、樟脑萜、姜酚、桉叶油精、淀粉、黏液等。

我国中部、东南部至西南部来凤、通山、阳新、鄂城、咸宁、铜陵生姜广为栽培，山东青州市亦有出产。亚洲热带地区亦常见栽培。

生姜可为甜味或咸味食物比如汤类、肉类、家禽、海鲜、葱、米饭、面食、豆腐、卤汁、调味汁、水果、蛋糕和饮品等调味。新鲜生姜的味道比干生姜和生姜粉要强烈，干生姜和生姜粉只是作为替代品使用。生姜粉在西方国家食用广泛，常用来为蛋糕、姜饼和蜜饯等提味，有些咖喱里面也放有生姜粉。

嫩一点的生姜可以制成咸菜。在日本，腌生姜是寿司和生鱼片的传统搭配辅料。稍老一点的姜可以用来制姜汁，姜汁红茶不仅可以去冷散寒，还有解毒杀菌的作用。姜汤补暖，具有防止感冒的功效，还可以使人们轻松远离“空调病”。

生姜可食用部分95%。其每100g中含能量172kJ、水分87g、蛋白质1.3g、脂肪0.6g、膳食纤维2.7g、碳水化合物7.6g、胡萝卜素170μg、维生素C 4mg、钾295mg、钠14.9mg、钙27mg、镁44mg、铁1.4mg。

生姜的选料可参照标准GB/T30383。

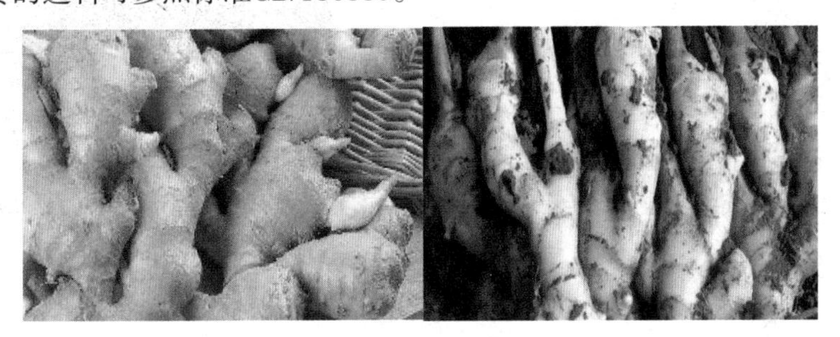

图4-7　生姜　　　　图4-8　嫩姜

三、大蒜

大蒜又叫蒜头、大蒜头、胡蒜、葫、独蒜、独头蒜，是蒜类植物的统称。其为半年生草本植物，百合科葱属，以鳞茎入药。春、夏采收，扎把，悬挂通风处，阴干备用。农谚说“种蒜不出九月，出九长独头”。6月叶枯时采挖，除去泥沙，通风晾干或烘烤至外皮干燥。

大蒜是烹饪中不可缺少的调味品，南北风味的菜肴都离不开大蒜。历史上最早食蒜成癖的人是4 500年前的古巴比伦国王。据史料记载，这位国王曾经下令臣民向王宫进贡大蒜，以满足其饮食之乐。

大蒜呈扁球形或短圆锥形，外面有灰白色或淡棕色膜质鳞皮，剥去鳞叶，内有6～10个蒜瓣，轮生于花茎的周围，茎基部盘状，生有多数须根。每一蒜瓣外包薄膜，剥去薄膜，即见白色、肥厚多汁的鳞片，有浓烈的蒜辣气，味辛辣。其可食用或供调味，亦可入药。秦汉时大蒜从西域传入我国，经人工栽培繁育，具有抗癌功效，深受大众喜食。

中国大蒜之乡有山东省济宁市金乡县，济宁兖州的漕河镇、临沂市兰陵县等，江苏省邳州市5万hm^2大蒜示范区、丰县、射阳县、太仓市，河北永年县、大名县北部，广西壮族自治区玉林市仁东镇，河南省的沈丘县冯营乡、中牟县的贺兵马村及开封东部等县区，上海嘉定，安徽亳州市、来安县，四川温江区、彭州市，云南大理，陕西兴平市及新疆等地。

大蒜的品种照鳞茎外皮的色泽可分为紫皮蒜与白皮蒜两种。紫皮蒜的蒜瓣少而大，辛辣味浓，产量高，多分布在华北、西北与东北等地；白皮蒜有大瓣和小瓣两种，辛辣味较淡。

大蒜营养丰富，每100g含水分69.8g、蛋白质4.4g、脂肪0.2g、碳水化合物23.6g、钙5mg、磷44mg、铁0.4mg、维生素C 3mg；此外，还含有硫胺素、核黄素、烟酸、蒜素、柠檬醛以及硒和锗等微量元素。大蒜含挥发油约0.2%，油中主要成分为大蒜辣素，具有杀菌作用，是大蒜中所含的蒜氨酸受大蒜酶的作用水解而产生。大蒜还含多种烯丙基、丙基和甲基组成的硫醚化合物等。

图4-9　大蒜

四、八角

八角是八角树的果实，学名叫八角茴香，为常用调料。八角能除肉中臭气，使之重新添香，故又名茴香。八角是我国的特产，盛产于广东、广西等地。其颜色紫褐，呈八角状，形状似星，有甜味和强烈的芳香气味，香气来自其中挥发性的茴香醛。八角是制作冷菜及炖、焖菜肴中不可缺少的调味品，其作用为其他香料所不及，也是加工五香粉的主要原料。八角的主要成分是茴香油，它能刺激胃肠神经血管，促进消化液分泌，增加胃肠蠕动，有健胃、行气的功效，有助于缓解痉挛、减轻疼痛；茴香脑能促进骨髓细胞成熟并释放入外周血液，有明显的升高白细胞的作用，主要是升高中性粒细胞，可用于白细胞减少症。八角有温阳散寒、理气止痛的功效。

八角的选料可参照GB/T7652。

图4-10 八角

五、山柰

山柰又称沙姜，为一年生草本植物，其性耐旱、耐瘠，怕浸。多为圆形或近圆形的横切片，直径1～2cm，厚0.3～0.5cm。外皮呈浅褐色或黄褐色，皱缩，有的有根痕或残存须根；切面类白色，粉性，常鼓凸。山柰质脆，易折断，气香特异，味辛辣。其功能主治行气温中，消食，止痛，用于胸膈胀满，脘腹冷痛，饮食不消。

山柰在烹调中多用于烧菜、卤菜及麻辣火锅。其在湘菜系中有“山柰菜”一说。此类菜肴用主料加大量的山柰和干红辣椒、干花椒烹制而成，其味芳香奇特，受人称道。山柰药性温良，注重养生的广东人喜用它烹鸡，“沙姜鸡”因此得名。用好、用对这味香料，能为菜肴添色不少。

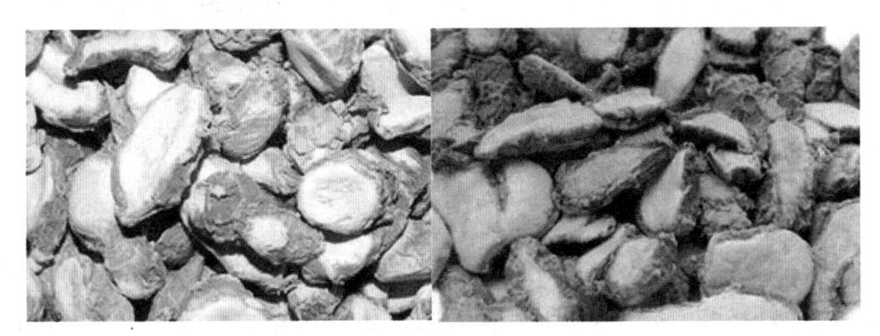

图4-11 山柰

六、肉桂

肉桂是桂树的树皮，俗称肉桂、五桂皮等，是最早被人类使用的香料之一，也是一味常用中药材。桂皮甘甜微辣，有浓郁香味，炖肉、烧鱼时放上点桂皮，味美芬芳。桂皮因含有挥发油而香气馥郁，可使肉类菜肴祛腥解腻，芳香可口，从而令人食欲大增。桂皮含苯丙烯酸类化合物，能增加前列腺组织的血流量，促进局部组织血运的改善，对前列腺增生有一定治疗作用。此外，桂皮还具有散寒止痛、化瘀活血、健胃强体的功效。

图4-12　肉桂

七、丁香

丁香为桃金娘科植物丁香的花蕾。丁香为常绿乔木，原产马来西亚群岛及非洲。我国广东、海南、广西、云南等地植物园有少量栽培。当丁香的花蕾由绿色转红色时采摘后晒干。

丁香花蕾略呈研棒状，稍似丁字形，长1～2cm。花呈圆球形，直径0.3～0.5cm，有4枚花瓣，覆瓦状抱合，呈棕褐色或黄褐色，花瓣内雄蕊多数，花丝弯曲，花柱直立，呈萼筒圆柱形，略扁稍弯曲，长0.7～1.4cm，直径0.3～0.6cm，呈红棕色或棕褐色，上端有4枚三角状的萼片，十字状分开。丁香质坚实，富油性，入水则萼筒垂直下沉，芳香，味辛辣，有麻舌感。丁香以油性富、香气烈、入水下沉者为佳。

丁香所含挥发油即丁香油，油中主要含有丁香油酚、乙酰丁香油酚、a-丁香烯以及甲基正戊基酮、水杨酸甲酯、葎草烯、苯甲醛、苄醇、间甲氧基苯甲醛、乙酸苄酯、胡椒酚、仪一衣兰烯等多种营养和活性成分。现代药理分析表明，丁香油能促进胃液分泌，有抗菌、驱虫、止痛及产生麻醉、抗惊厥等作用。丁香还具有抗氧化和抗衰老、抗诱导和抗癌、促进透皮吸收等作用。其烹调用途：作为调味料可矫味增香。常用于制作肉类卤菜，亦用于糕点、腌制食品、炒货、蜜饯、饮料的制作，亦为“五香粉”和“咖喱粉”原料之一。

现代医学也将丁香用于治疗慢性胃炎、胃肠神经官能症、消化不良及癣等。丁香不仅是极好的药物，还是制作食品、香烟的极佳调味品，又是提制高级化妆品的原料。丁香和桂皮、八角、茴香、花椒共研细末即成“五花粉”，“十三香”中也有丁香，西式泡菜的制作中除了其他香料外也要使用丁香。

图4-13　丁香

第五章　葱加工工艺及质量要求

葱制品是我国传统的香辛调料中的优势资源，国内在葱的深加工方面处于初级阶段，市场的需求也比较低。

目前，日本和美国在葱的开发和加工研究方面居于前列。我国对葱的开发主要集中于生鲜出口为主。近年来，我国葱在产量、品种、品质上均有大的创新和重大突破，如硒含量十分丰富的章丘大葱在各个方面均有十分显著的优势。

然而，由于落后的工艺技术，其专利技术在食品的加工方面仍然是空白，与姜、蒜行业的深加工技术比较，葱的加工产业规模小，产业链短，技术含量相对较低。

第一节　保鲜大葱加工工艺及质量要求

一、保鲜大葱的加工及质量要求

（一）保鲜大葱的加工

1.收购

收购鲜嫩、质地良好、无病虫害、无机械损伤、无病斑、无霉烂的大葱。将收购原料放入阴凉处，当天收购当天加工。

2.运输

大葱收获运输中应避免机械损伤，防止葱白折断及叶片破裂。大葱挖出后，抖净泥土，用塑编袋打捆。运输时于车厢中直立单层运输，切忌在车厢中摆双层或多层，否则易伤葱叶。

3.去叶

将大葱放于操作台上，用风枪去外叶（留三片内叶），剔除葱白不紧实、表皮发皱弯曲、受病虫害、机械损伤等明显不合格的大葱。

4.切根

用刀具将大葱根部和上部多余葱叶去掉，切口要平整，加工后的大葱长57cm，其中葱白长30cm以上，葱叶不得短于10cm。

5.除渍

用干净抹布抹去大葱上的泥渍、水渍和杂质。

6.扎束

扎把带统一在大葱径分叶下3cm，皮筋统一在大葱根上4cm。

包装材料要符合安全卫生优质的要求，纸箱无受潮离层现象。把大葱放入符合规格要求的纸箱中，用电子秤称重。纸箱外标明品名、产地、规格、株数、毛重、净重、采收日期、生产者名称。

7.预冷

将大葱入库彻底预冷12小时，温度设定为2℃，装运温度为1～2℃。

图5-1　保鲜大葱

（二）保鲜大葱的质量要求

用电子秤称大葱单束重，用厘米刻度量大葱径宽度，进行规格划分，分为L、M、S三种规格。

L级：葱白直径2cm以上，长度30cm以上；

M级：葱白直径1.5～2.0cm，长度30cm以上；

S级：葱白直径1.0～1.5cm，长度25cm以上。

分合格品和不合格品。

合格品：葱白直径1.0～2.5cm，长度35～45cm。

二、保鲜香葱的加工及质量要求

（一）保鲜香葱的加工

1.收购运输

操作要点同保鲜大葱。

2.刷根

香葱的根不切去，根毛须用水洗净，所粘泥土用毛刷刷净。

3.剥皮

用气压剥皮枪将香葱表皮黄烂叶剥去。

4.擦洗

用干净纱布将葱白、葱叶细心擦净。

5.包装

按照客户要求装将香葱入内衬塑料袋的包装箱中。为提高保湿效果，可滴几滴水于袋内。

6.预冷

包装好的香葱在装入集装箱进行海运前，应放在0℃的冷库中预冷12小时。当天加工完毕不能装箱外运的成品葱，应运入冷风库中冷藏保存，冷风库的冷藏温度应保持在0℃，要随时观察温度，防止温度过低而冻伤香葱，或温度过高引起香葱霉烂。

图5-2 保鲜香葱

（二）保鲜香葱质量标准

香葱长叶不去掉，要求棵长35cm以上即可，规格分类依据直径进行。

L级：直径0.7～0.9cm；

M级：直径0.5～0.7cm；

S级：直径0.3～0.5cm。

第二节 脱水葱加工工艺及质量安全要求

脱水葱是一种用途广泛的调味品，可用于凉菜、汤、方便汤料中，也可用来加工葱香食品，如葱味饼干、葱油饼等，使用方便，是一种理想的调味品。下面介绍脱水葱的加工方法。

一、加工工艺

（一）冷冻干燥

1.工艺流程

原料接收→选检→清洗→浸漂护色→清洗→消毒→冲洗→切分→沥水→装盘→冷冻干燥→精选→包装→入库

2.操作要点

（1）原料挑选：应选择鲜嫩、长短粗细相近的无病虫伤残的葱。

（2）原料处理：洗净合格原料表面的泥沙及污物，切除须根等不合要求的部分，确保产品质量。

（3）漂洗消毒：在100～200mg/L次氯酸钠溶液中浸泡杀菌2～3分钟，然后在流动的清水中进行漂洗。漂洗用水应符合饮用水标准。

（4）切分：将葱切成5mm长的段。为了均匀，可将葱白和葱叶分装烘盘。

（5）沥水装盘：将葱段在震动沥水机上进行震动沥水，除去表面水滴后将葱段均匀摊放在不锈钢料盘上，装料厚度为2.5cm。

（6）冻结升华：冻结和升华干燥是关键工序，操作中应把握好冻结、升华干燥的温度和速度；水分控制在5%以下。

（7）精选：干燥结束后，应立即根据产品的等级、保存期限、客户要求等进行分级。

（8）检验包装：将精选后的冻干葱进行分级，然后计量，充氮或不充氮分装在塑料袋内。

（二）热风干燥

1.工艺流程

原料挑选→清洗→切分→沥水→干燥→计量→包装

2.操作要点

（1）原料挑选、清洗、切分、沥水同冷冻干燥步骤。

（2）干燥：将沥水后的葱段放入浅盘中，料层厚度2.5cm，热风干燥温度60℃，水分10%以下。

（3）计量包装：脱水葱经检验达到食品卫生法要求即可分装在塑料袋内，并进行密封、装箱，然后上市。

图5-3　脱水葱

二、脱水葱的质量安全要求

脱水葱的质量要求较为严格，质量检验时抽样率占每批总数的10%，每件随机抽取小样，混匀后作待检样品。由于脱水食品目前尚无国家标准，亦无可参照的国际标准，下述检验项目均为行业推荐指标，要求如下：

（一）原料

脱水葱的加工原料应符合相应的标准和有关规定。

（二）感官

1.色泽

具有该制品特有的色泽。

2.滋味气味

具有该制品特有的滋味和气味，无异味。

3.组织形态

具有该产品特有的组织形态，同一批次产品形态基本均匀一致，无霉变。

4.杂质

无肉眼可见的异物。

（三）理化指标

理化指标应符合表5-1的规定。

表5-1　理化指标

项目	指标		
	热风干燥	冷冻干燥	其他
水分 %	≤ 8.0	≤ 6.0	≤ 8.0
酸不溶性灰分 %	≤ 0.8		
复水性	95℃热水浸泡 3 ～ 5 分钟基本恢复脱水前的状态		
水分活度	≤ 0.5		

（四）卫生指标

1.农药残留

农药残留项目应符合GB2763规定，其限量应以实测值除以水分折算因子后按照GB2763判定。

2.重金属

重金属的最大限量应以实测值除以水分折算因子后，按照表5-2判定。

表5-2 重金属指标

重金属	限量
砷（以 As 计），mg/kg	≤ 0.05
铅（以 Pb 计），mg/kg	≤ 0.3
镉（以 Cd 计），mg/kg	≤ 0.05
汞（以 Hg 计），mg/kg	≤ 0.01

（五）微生物限量

应符合表5-3规定。

表5-3 微生物限量

项　目	限量
菌落总数，CFU/g	$\leqslant 1.0\times10^{5}$
大肠菌群，MPN/100g	≤300
霉菌和酵母，CFU/g	≤1 000
致病菌（沙门菌、志贺菌、金黄色葡萄球菌）	0/25g

第三节　葱油加工工艺及质量安全要求

由于葱油和植物油都是属于非极性物质，根据相似相溶原理，可以利用植物油萃取葱油。利用植物油常温浸提葱中的葱精油避免了耗用大量有机溶剂及相应的设备投资，成本低，可直接获得可供商业用途的植物油。

利用蒜氨酸酶定向酶解大葱得到丰富的功能性含硫原料，由于葱油中含硫化合物的产生是一个酶解反应，所以提取得到的含硫化合物浓度受蒜氨酸酶活性的影响。这是由于蒜氨酸酶的活性受温度的影响所致。温度较低时，随着温度的升高，蒜氨酸酶的活性逐渐增强，其催化分解产生含硫化合物的速度加快，从而使含硫化合物的浓度随温度升高而增加。

采用低温超高压超临界流体技术高效萃取大葱中的活性硫化物，萃取率提高10%～15%，活性成分浓度增加3%～6%，得到富含高活性硫化物的大葱油，该产品的风味与新鲜大葱相近。大葱油可用于保健食品的原料或直接进行微胶囊、软胶囊等产品的开发。

葱调味油具有多种香辛料的风味和营养成分，集油脂和调味于一体。风味原料选用数种香辛料，油脂采用纯正、无色、无味的大豆色拉油或菜籽色拉油以油脂浸提的方法制成。

一、加工工艺

（一）有机溶剂提取葱油

1.工艺流程

大葱→预处理→粉碎匀浆→酶解→浸渍→减压蒸馏→灭酶→萃取→大葱油

2.操作要点

（1）原料挑选：应选择鲜嫩、大小长短粗细相近的无病虫伤残的葱。

（2）原料处理：洗净合格原料表面的泥沙及污物，切除须根等不合要求的部分，以确保产品的质量。

（3）粗切：将原料切碎成1～3mm小粒。

（4）微切：微切机，设定微切转速。

（5）温浸：在20～40℃浸渍4小时。

（6）酶解：在37℃避光酶解24小时。

（7）减压蒸馏：真空度5～8kPa。

（8）萃取：用二氯甲烷为萃取溶剂。

（二）调味油加工

1.香辛料调味油

1）工艺流程

辅料→粉碎
↓
葱→切段→温浸→蒸馏→萃取→精制→葱油

2）操作要点

（1）原辅料的准备：将各香料进行适宜的筛选除杂、干燥处理。如果采用鲜料则应洗净并除去表面水分。原料应选用优质料，去除霉变和伤烂部分。用粉碎机对八角、肉桂、丁香等硬质料进行破碎，至粉碎粒度介于0.1～0.2mm，能通过目筛孔。

（2）风味料的配方：风味原料可选择八角、肉桂、丁香等，其配方组成如下（以1 000kg原料油脂为例）：八角1～1.6kg、肉桂3～5kg、甘草5～8kg、花椒1～3kg、丁香1～3kg、肉豆蔻1～2kg、白芷1～2kg。

（3）提取：提制时先将色拉油打入提制锅中，并加热升温到风味浸提温度，放入八角、花椒、肉桂等。浸提一定时间，最后加入鲜葱，再浸提10分钟，全过程温度不应超过90℃。浸提完毕将混合物冷却降温至70℃左右，送入调质锅保温调质12小时，接着用板框过滤机将固体物过滤除去（滤出的固体物可用压榨机作压榨处理使油脂全部榨出并回收）即得到提制粗油。

当风味料含有鲜料时，粗油应进行真空脱水干燥，脱水温度50℃左右，真空度96kpa以上，搅拌下干燥10小时至水分符合质量要求。

2.葱调味油

操作要点：

把大葱、香葱、鲜姜、大蒜、改刀成片状备用。

将菜籽油17kg、大豆油20kg、猪油1.3kg混在一起放入锅中熬至250℃时关火，放入姜片1kg以去除油中的腥味。

带油温降至150℃时捞出油中的姜片，然后加入所有主料，油温保持在110℃左右。微火浸炸至原料发干至似糊非糊的状态即可关火。制作时间35分钟左右。

（三）超临界萃取葱油

采用超临界二氧化碳萃取法提取大葱中的葱油，将冻干葱粉样品填充于萃取釜中，用二氧化碳气体反复冲洗，排尽釜内空气，然后加热到预定的温度。气瓶气体经冷箱冷凝成液体，经高压泵升至预定的压力，稳定所需的操作条件，调节各阀门使二氧化碳气体进行全循环流动萃取，萃取结束后，萃取物从分离釜底部放出即得葱油粗品。

二、葱调味油的质量卫生要求

（一）原辅料要求

加工所用原料应符合相关规定（见附录）。

（二）感官要求

感官指标应符合表5-4规定。

表5-4　感官要求

项目	要求	检验方法
色泽	绿色至绿黄色	将试样置比色管中用目测法观察
状态	液体	
香气	葱特有的气味	GB/T 14454.2

（三）理化要求

理化指标应符合表5-5规定。

表5-5　理化指标

项目	指标	检验方法
相对密度（25℃/25℃）	1.050 ~ 1.120	GB/T 11540
折光指数（20℃）	1.550 ~ 1.590	GB/T 14454.4

第四节 葱粉加工工艺质量安全要求

一、加工工艺

葱粉不仅可以单独作为一种调味品，用于改善食品的风味，例如将葱粉加入膨化食品中，就可得到具有葱辛辣风味的膨化食品，同时葱粉也可以与其他的调味品按一定比例搭配，得到复合调味品。调味粉可丰富食物的味道，葱的药用价值及保健价值（如大蒜可抗高血脂，洋葱健胃，韭菜除胃热等）使调味粉具有更强的功能性。采用真空浓缩和离心式喷雾干燥技术得到的葱粉，其主要成分为硫化物，既保留了葱的辛辣成分，同时也提高了还原糖的含量。

（一）普通葱粉

1.工艺流程

原料挑选→清洗→切分→脱水→干燥→粉碎→计量→包装

2.操作要点

（1）原料挑选：应选择鲜嫩、大小长短粗细相近的无病虫伤残的葱。

（2）原料处理：洗净合格原料表面的泥沙及污物，切除须根等不合要求的部分，以确保产品的质量。

（3）切碎：按葱的横切面切长度为5mm左右的葱节，可用蔬菜切片机切。

（4）干燥：用真空干燥柜干燥。将洋葱片均匀置放在烘盘上，每平方米可盛3～5kg。温度控制在65℃左右，真空度在-0.50MPa左右，时间需3～4小时。

（5）挑选：烘好的葱稍冷却后，选色泽均匀的葱节包装成成品即可远销。

（6）粉碎：用粉碎机把干葱粉碎成80目粒的细粉。

（7）包装：包装成30g一瓶小瓶装

图5-4 葱粉

（二）全纤维葱粉

1.工艺流程

原料→清洗→破碎→微切→浓缩→真空干燥→检验→包装→成品

2.操作要点

（1）原料挑选：应选择鲜嫩，大小长短粗细相同的无病虫伤残的葱。

（2）原料处理：洗净合格原料表面的泥沙及污物，切除须根等不合要求的部分，以确保产品的质量。

（3）粗切：将原料切碎成5mm大小的粒。

（4）微切：微切机，设定微切转速。

（5）浓缩：采用刮板式浓缩机将原料浓缩为黏稠浆料，设定浓缩度。

（6）低温真空连续干燥：将浓缩后的浆料打入真空干燥机，设定干燥温度和真空度。

（7）粉碎：按客户要求干燥后的物料经水环式粉碎机粉碎。

（8）包装：为防潮，产品应立即包装入库。

二、葱粉质量卫生要求

（一）原料

葱粉的加工原料应符合相应的标准和有关规定（见附录）。

（二）感官

1.色泽

具有该制品特有的色泽。

2.滋味气味

具有该制品特有的滋味和气味，无异味。

3.组织形态

具有该产品特有的组织形态，同一批次产品形态基本均匀一致，无霉变。

4.杂质

无肉眼可见的异物。

（三）理化指标

理化指标应符合表5-6的规定。

表5-6　理化指标

项目	指标		
	热风干燥	冷冻干燥	其他
水分（%）	≤8.0	≤6.0	≤8.0
酸不溶性灰分（%）	≤0.8		
复水性	95℃热水浸泡3～5分钟基本恢复脱水前的状态		
水分活度	≤0.5		

（四）卫生指标

1.农药残留

农药残留项目应符合GB2763规定，其限量应以实测值除以水分折算因子后按照GB2763判定。

2.重金属限量

重金属的最大限量应以实测值除以水分折算因子后按照表5-7判定。

表5-7　重金属指标

重金属	限量
砷（以As计），mg/kg	≤0.05
铅（以Pb计），mg/kg	≤0.3
镉（以Cd计），mg/kg	≤0.05
汞（以Hg计），mg/kg	≤0.01

3.微生物限量

微生物限量应符合表5-8规定。

表5-8　微生物限量

项　目	限量
菌落总数/（CFU/g）	$\leq 1.0\times 10^{5}$
大肠菌群/（MPN/100g）	≤300
霉菌/（CFU/g）	≤1 000
致病菌（沙门菌、志贺菌、金黄色葡萄球菌）	0/25g

第五节　葱酱加工工艺及质量安全要求

一、大葱调味酱

（一）原辅料

（1）主要原料：大葱、大蒜、生姜。

（2）辅料：豆瓣、豆豉、糖、味精、植物油。

（二）加工步骤

（1）清洗原料，将大葱和大蒜、生姜剥皮清洗干净，沥干水分备用。

（2）将清洗干净的大葱切段，大蒜、生姜剁碎。

（3）将植物油加热至四成热，放入切好的大葱和大蒜、生姜进行炒制。

（4）待葱和蒜、姜水分炒干后加入豆豉和豆瓣继续炒制15分钟。

（5）将炒制好的酱料冷却后灌装。

（6）杀菌冷却：杀菌条件5～25～5分钟/85℃，冷却至45℃左右。

（7）检验：30℃保温30天，并按罐头商业无菌检验。

二、香葱辣椒酱

（一）原辅料

（1）红辣椒100kg、香葱头50kg、去皮蒜仁50kg。

（2）沙拉油20kg、香油5kg。

（3）盐15kg、鲜鸡粉5kg、细糖2kg。

（二）加工步骤

（1）红辣椒去蒂洗净，与去皮蒜仁、香葱头一起放入调理机打成酱。

（2）热锅，倒入沙拉油与香油烧热。

（3）加入打好的辣椒酱略炒，再加入（3）中的调味料，小火翻炒。

（4）炒约15分钟至散发出香味时即可热灌装。

三、质量标准

1.感官指标

感官指标应符合表5-9规定。

表5-9　感官指标

项　目	要　求
组织状态	浓稠状半固态酱体
滋味、气味	具有该品应有的滋味和气味，无霉变、异臭和哈喇味等异味
色泽	具有该产品应有的色泽
杂质	无肉眼可见杂质

2.理化指标

理化指标应符合表5-10规定。

表5-10　理化指标

项　目	指　标
酸价（以 KOH 计），mg/g	≤ 5.0
过氧化值，mmol/100g	≤ 0.25

3.微生物限量

微生物限量应符合《食品安全国家标准食品中致病菌限量》（GB29921）对即食调味品中复合调味料的规定。

第六节　葱的综合利用

葱含有强大杀菌效能的蒜辣素，具有很好的抑菌作用。此外，医学研究中还发现葱还含有一种可抗癌物质槲皮素。葱白和葱叶作为同种植物的不同部位其实所含的成分是大同小异的，而且葱叶中的许多营养物质还要高于葱白。例如，葱叶中的维生素C、胡萝卜素、叶绿素、镁的含量比葱白高。不过，很多人在食用葱时常常只是食用葱白部分，葱叶则是全部剥除，这样极其浪费资源，如果将葱叶好好加工和利用，势必会成为一种既美观又营养的新型产品。但目前，国内外对葱叶的利用非常有限，我们最常见的葱叶制品大多是方便面里的果蔬包。随着人们生活水平的提高，健康意识逐步增强，对于饮食健康有了更大的期许和要求。对于葱制品来说其市场将会越来越大，葱叶制品的深加工制品方面的潜力是十分巨大的。

葱叶酱的制备：

葱叶清洗→浸泡→整理→预煮（加入柠檬酸）→斩拌→调味→真空包装→杀菌

第六章　葱加工要求及设备设施

第一节　生产加工卫生安全要求

葱加工厂的厂址选择、车间厂房、设备设施、人员健康等要求应严格执行GB14881相关规定。

一、厂址选择

严格按照相关标准要求选择厂址。厂区不应选择对食品有显著污染的区域。如某地对食品安全和食品宜食用性存在明显的不利影响，且无法通过采取措施加以改善，应避免在该地址建厂。

二、总平面布置

在总平面布置中，按功能要求进行分区建设。布置好主生产车间、废弃物处理、污水处理、原料进厂及发货等区域，做到清洁区与非清洁区分开，区与区之间用防护绿化带隔离，进厂原料与出厂货物不交叉。

厂区内道路设计合理、不积水，绿化达到规范要求。经常保持厂区内环境卫生，及时清除垃圾，管理好进出车辆，做好污水处理等重点卫生防疫工作。

三、生产车间卫生

（1）车间所用的建筑材料均应满足国家相关部门的规定。地面采用防腐、防水的灰浆并铺盖防滑地砖。内墙贴瓷砖。窗台应倾斜45度，以便冲洗。所有房间的地面和墙面、墙面与墙面的连接处应呈半弧形凹陷，有利于清洗。天花板应选择无渗透、易清洗的材料，必须使用木结构的部位如门窗应采用无毒油漆、涂料等处理。车间内的接缝、门、窗与墙体或天花板之间，应采用有伸缩的非渗透性材料填充。所有苍蝇与昆虫能进入的门窗和其他出入口均应配置纱窗、纱门或防鼠网。各主要生产车间按规范设置更衣、淋浴及卫生间等设施。

（2）所有生产设备的制造材料均采用规范可接受的材料。设备便于清洗，无死角；其与产品接触表面应光滑并能防腐，排水时能彻底排空。

（3）车间内的清洁水、净化水、水蒸气分别各成系统。车间内的排水口和排水坡度严格按照有关规定设置。车间内的卫生排水管和车间排水管分别设置独立的排水管网。排水沟应设置沟盖，以防止老鼠等动物进入车间。

（4）对车间各机房内粉碎机、鼓风机等设备增设减振设施，风机进出口加装消声器，机房内采用吸声材料，以降低噪声，减轻对操作人员的危害。

（5）对车间内温湿度较大的工序应有强制通风装置，以降低室内温度，减轻对操作人员的影响。

四、生产过程卫生

（1）生产过程中的运输，采用周转桶或周转箱用手推车作水平运输。生产车间内采用货运电梯进行垂直运输。尽量采用自动化程度较高的生产设备，以充分降低工人的劳动强度。

（2）生产用具和设备保持清洁，使用前后要清洗消毒，使用认可的包装材料，并合理贮存和保管。加强从业人员的健康检查和职业卫生教育，严格规章制度，减少人为影响产品卫生的因素。

五、环境卫生

（1）厂区内的道路、运输按国家有关规定设计和修建。

（2）厂房主要出入口设置电击杀虫灯，以防飞虫进入。

（3）工厂设置完善的检验、化验机构及医疗机构。

（4）生产车间内设男女更衣室、厕所、卫生间等辅助用房。

（5）要求做到厂区内环境清洁，路面平坦，防止尘土飞扬，排水畅通等，设立带盖的垃圾箱，厂区有绿化地和隔离带。

第二节　加工设备要求

一、生产设备一般要求

（1）应配备与生产能力相适应的生产设备，并按工艺流程有序排列，避免引起交叉污染。

（2）应制定生产过程中使用的特种设备（如压力容器、压力管道等）的操作规程。

二、材质

（1）与原料、半成品、成品接触的设备与用具，应使用无毒、无味、抗腐蚀、不易脱落的材料制作，不宜使用木质和竹质材料（有工艺特殊要求的除

外），并应易于清洁和保养。

（2）设备、工具等与食品接触的表面应使用光滑、无吸收性、易于清洁、保养和消毒的材料制成，在正常生产条件下不会与食品、清洁剂和消毒剂发生反应，并应保持完好无损。

三、设计

（1）设计应符合GB14881中5.2.1规定。

（2）食品接触面应平滑，无凹陷或裂缝，设备内部角落部位应避免有尖角，以减少食品碎屑、污垢及有机物的聚积。

（3）各种设备的管道应明显区分，且不宜架设于暴露的食品以及食品接触面的上方；食品输送带上方应安设输送带防护罩等设施。

（4）生产设备应有明显的运行状态标识，并定期维护、保养和验证。设备安装、维修、保养的操作不应影响产品的质量。设备应进行验证或确认，确保各项性能满足工艺要求。报废的设备应搬出生产车间，未搬出前应有明显标志。

（5）用于生产的计量器具和关键仪表应定期进行校验。

四、监控设备

监控设备应符合GB14881中5.2.2的规定。

五、设备的清洗消毒、保养和维修

（1）应建立设备清洗消毒、保养和维修制度，加强设备的日常清洗消毒、维护和保养，定期检修，及时记录。

（2）每次生产前应检查设备是否处于正常状态，防止影响食品安全和质量的情形发生；出现故障应及时排除并记录故障发生时间、原因及可能受影响的产品批次。

（3）用于加工或存放水分含量低的食品，其接触面应保持干燥和卫生状态。必要时，在下次使用前进行清洗消毒，并完全干燥。

（4）在湿加工中，当需要清洁以防止微生物污染食品时，所有食品接触面在使用前和因中断操作可能被污染后，应进行清洗和消毒。

（5）当设备和用具处于连续生产操作时，应对这些用具以及设备的食物接触面进行清洗和消毒。

第三节 生产加工设备简介

一、冻干葱加工设备

冻干葱生产最主要的设备为食品用真空冷冻干燥机组，该机组的性能、能耗和操作自动化程度的高低决定了冻干食品生产企业技术水平的高低。食品用冻干机分为间歇式和连续式。连续式机组在国内企业尚属少见。间歇式冻干机由干燥箱体、加热系统、真空系统、制冷系统和控制系统等五部分组成。

（一）前处理设备

前处理设备包括多用切片机和冷却槽。

杀青后的冷却槽可用清洗槽代替。简易生产线通常因自来水冷却沥水可选用振荡沥水机，如有条件最好选用离心机。

（二）速冻库的配置

速冻库的配置与冻干机的处理能力相适应，以日班生产配料，满足2～3班冻干为宜。冷源最好单独或半单独设置（低压循环部分独立），以防止在速冻库热负荷较大时影响正在冻干过程中的冷阱温度。

（三）冻干车间

冻干车间是冻干食品生产的关键工序。它的设置要考虑到产品质量受影响的程度，一般速冻库与冻干箱门之间的距离越短越好，并且此通道最好专用，仅作为物流通道，而不兼作人流通道。冻干箱门端与冻干机其他部分及设备最好隔开，以减少环境对半成品的污染。

（四）卸料与包装间

卸料与包装间应密闭，地面至少要用水磨石加打蜡，墙体要用白瓷砖贴至1.5m高，以上部分要刷白色防水涂料。此车间须装设空调除湿设备，空调制冷可与冷库系统合用，除湿设备宜选用转轮式除湿机，以利降低除湿成本。车间最好无窗户，门尽可能密闭，最好采用无尘净化室专用的密封门，并要有换气、消毒、灭菌等设施。

包装时一般要配备不锈钢工作台、抽真空充氮封口机。抽真空设备宜选用水环式真空泵，抽速约20L/s。充氮气源为工业用氮气，经减压过滤充入即可。

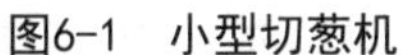

图6-1　小型切葱机

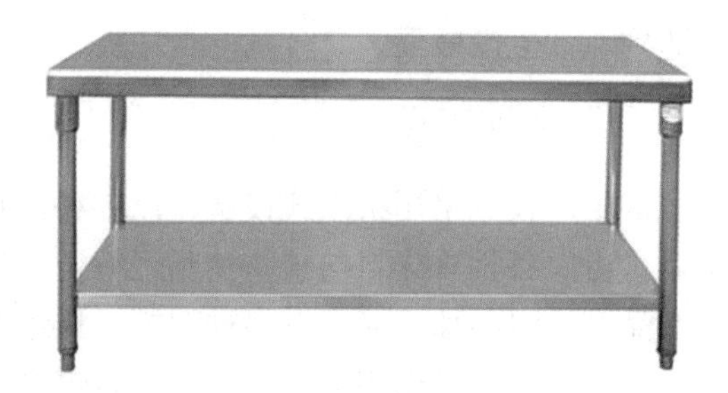

图6-2　不锈钢操作台

图6-3　冻干设备

图6-4　脱水机

图6-5　冷冻干燥葱加工生产线

二、热风干燥脱水葱设备

前处理设备包括多用切片机、离心机、热风干燥机。

通过风机将热源周围的空气加热，吹到被加热物体表面，调节热风风量和加热温度可改善热风干燥的效率。调节风向使风向对着被加热物体，更有利于干燥。热风风速不能低于要求的速度，否则风管表面散热不佳会烧坏热风加热器。风速也不宜过高，因为风循环过程中会损失一些能量，适当选择风机压力和风量才可达到最佳干燥效果。

三、葱油加工设备

葱油生产技术采用机组式设备，以各种植物油的毛油作为油脂原料，经精制加工后，再以各种香味料与植物油脂经特定的加工方法，制成各种风味的高级调味油产品。机组的加工能力有多种规模。机组的特点是以适用于小型化的工厂生产或作坊式生产，可采用电加热，也可以煤炭或天然气等以高温导热油为传热媒介作加热热源，而不需使用蒸汽锅炉，从而节省大量设备投资，并且生产操作更为安全易行。

主要设备：高级烹调油精炼小型机、风味提制锅、香味调质罐、香料清洗机、粉碎机、离心分离机、板框过滤机和油品灌装机械等。

图6-6 电热炼油桶

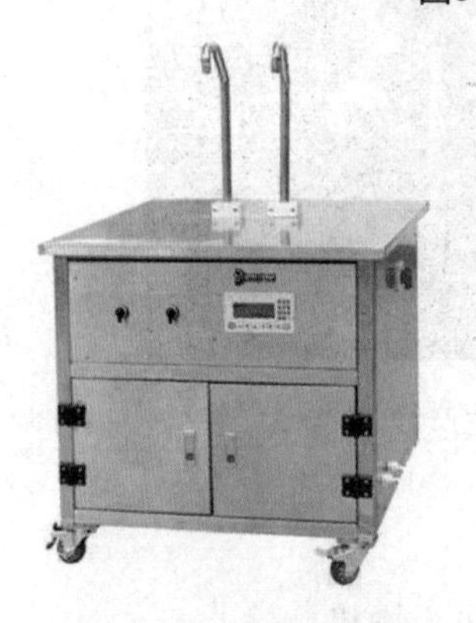

图6-7 电动油料灌装机

图6-8 板框过滤机

四、葱粉加工设备

葱粉加工原料主要采用脱水葱，然后用粉碎机粉碎包装。

主要设备：多用切片机、离心机、热风干燥机和粉碎机。

图6-9　粉碎机

五、葱酱加工设备

葱酱加工需要对主要原料和辅料进行预处理，然后进行炒制灌装。

主要设备：清洗设备、斩拌设备、炒制设备、灌装设备和包装设备。

图6-10　姜蒜脱皮机

图6-11　蒜蓉机

图6-12　炒锅

图6-13　灌装设备

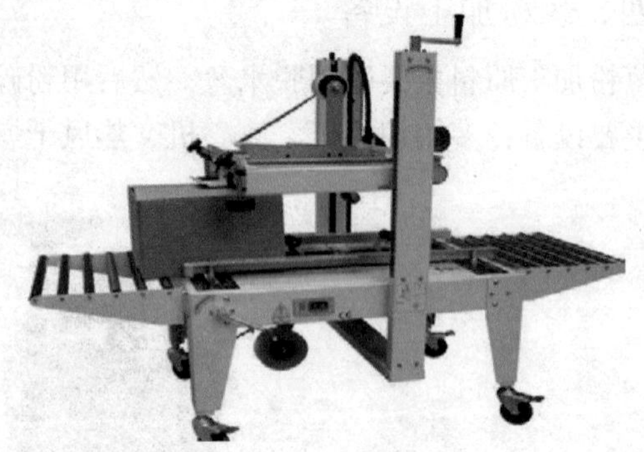

图6-14　包装设备

第七章　质量安全体系及分析检测

第一节　冻干香葱质量安全体系

冻干香葱是方便面汤料及其他食品的重要组成成分，食用方便，深受欧美及日本等国欢迎。由于国际社会对食品安全的重视和贸易技术壁垒，发达国家对进口食品要求越来越严，对进口食品的安全管理和农药残留都作了规定，这对包括冻干香葱在内的我国农产品出口造成了严重影响；冻干香葱产品卫生质量的稳定性将影响产品出口。为此，需要在冻干香葱的生产加工中引入危害分析与关键控制点（HACCP）体系。HACCP体系是一个评估食品加工过程中各环节的潜在危害并建立控制系统的工具，它建立在良好操作规范（GMP）和卫生标准操作规范（SSOP）的基础上，能综合考虑到生物、化学和物理危害，并提出相应的应对措施，被认为是迄今人们发现的最有效的保障食品安全的管理方法。

冻干香葱产品的HACCP体系的建立：

（一）危害分析

1.生物因素

（1）原料本身带有微生物，香葱来自土壤，土壤表层带有大量的微生物，再加上运输、堆放以及加工不及时，因而造成香葱原料微生物污染严重。

（2）加工过程中清洗不当、加工流程时间太长等也是造成微生物污染的主要环节，尤其是加工用水更换不及时，造成重复交叉污染。

（3）加工人员、车间及工器具卫生不良也会造成微生物污染。

2.物理和化学因素

（1）原料夹带头发、金属、玻璃、砂石等杂质，以及由于原料和半成品贮存、加工不当，增加工艺过程中的污染和外来杂质。

（2）原料产区环境污染，使用农药不当而造成原料成品农药残留。

（3）消毒剂危害，如次氯酸钠等消毒剂虽然可以杀灭有害微生物，但若添加量不足而达不到灭菌要求，添加量过多或清洗不当又会造成化学残留危害。

（二）危害评估和确定关键控制点

首道工序香葱原料收购时存在所有危害的可能性，各种害虫、虫卵、致病菌、玻璃、砂石、金属物、尼龙纤维、废纸、毛发、树叶、草棒等杂质全部都有可能存在于原料之中。生物危害方面的问题、物理危害方面的问题，通过以后的工序是可以控制并达到可接受的水平，而化学危害如农药残留在之后的加工工序中会有所降解，如清洗、冷冻，但没办法进行量化控制，且要么直接对人体造成伤害，要么造成慢性危害，所以对原料中化学危害的预防及控制是第一道工序的核心，是关键控制点。

原料漂洗主要是为了祛除异物和表面微生物，没有加入化学消毒剂进行消毒，所以不存在人为化学污染，但是若车间用水卫生状况不好，加上漂洗用水不经常更换或更换不彻底以及操作者卫生不良则会造成原料的重复污染，但可以通过后面的消毒工序控制，因此不是关键控制点。然而由于温度不够高，漂浸时间太短，作用有限，不作为关键控制点。

消毒可以有效杀灭有害微生物，而且只要通过对企业整个良好操作规范的建立，通过建立和认真执行企业的卫生标准操作规范，在以后的工序中可以保证成品微生物达标，因此消毒工序是微生物的关键控制点。

冻干工序是先速冻后再在真空状况下进行干燥。低温能够抑制微生物，即冻干工序起到了降低微生物存活的作用，但降低比率远远不如次氯酸钠消毒的效果。冻干工序后香葱所含水分高低将影响产品品质，是关键控制点。

原料夹带的玻璃、砂石、金属物、尼龙纤维、废纸、毛发、树叶、草棒等各种杂质经过选检、漂洗等工序基本上都去除了，生产过程中的物理危害主要是机器如切割刀具磨损产生的金属碎屑。金属检测可以有效去除金属碎屑，可以作为物理危害的关键控制点。此外，整个生产过程中存在操作者、生产用水、工器具以及车间环境污染，需通过SSOP控制。

具体危害评估结果见表7-1。

由危害分析工作单可以看出，冷冻干燥小香葱产品生产的CCP有四个：一是原料验收，主要控制农药残留；二是消毒，主要是控制致病菌、虫卵等生物危害；三是金属检测，主要是控制金属碎片等物理危害；四是冻干，主要是控制冻干后香葱水分。

（三）确定关键限值

1.农药残留、消毒和金属检测

根据企业以往的经验和查考相关资料以及咨询专家确定原料葱农药残留限值为检查供方施药声明，用农药残留量快速测试仪检验乙酰胆碱酯酶抑制率＜50%；消毒限值为消毒液有效氯含量100～200mg/L，时间2～3分钟；金属检测限值为铁金属碎片直径＜1.0mm，非铁金属碎片直径＜1.2mm；冻干香葱水分＜6.0%。

2.SSOP

生产员工应经体检合格方可上岗，一年进行一次，凡患有碍食品卫生疾病者，不得进入生产加工现场。进入加工车间应更换清洁的工作服、帽、口罩、鞋等，不得化妆，戴首饰、手表等。

每次进入车间时，手接触了污染物后都要进行清洗消毒。

手清洗：水洗→用皂液洗手→冲净皂液→消毒盆消毒→清水冲洗→干手器干手。

加工过程中所有接触食品的工器具和设备表面必须用食品级的清洁剂和消毒液进行清洁和消毒。

工器具清洗：水冲洗、刷、擦、搓洗→浸泡消毒-水清洗。

大型设备、设施、生产线清洗：水冲洗→消毒液喷洗→水冲洗。真空冻干罐体用压缩空气吹扫，必要时可采用中性果蔬洗涤剂加水进行喷洗，再用清水过一遍。

加工用水应符合国家生活饮用水标准，每天检测一次余氯含量、臭味、浑浊度等指标，每周检验一次水质的微生物指标和pH值，每年两次送防疫站进行水质全成分分析。

初加工、精加工、成品包装车间要分开，车间要定期消毒。

包装物料存放库要保持干燥清洁、通风、防霉；内外包装分别存放，上有盖布下有垫板，并设有防虫鼠设施，以防包装物被污染，造成产品的二次污染。有毒化学物质如消毒剂应正确标识，单独区域贮存，设警告标示，由经过培训的人员管理，领用要登记。

搞好厂区环境卫生，及时清除垃圾，消除虫害滋生地；采用风幕、水幕、纱窗、黄色门帘、暗道、挡鼠板、翻水弯等预防昆虫、鸟、鼠等进入车间；产区用杀虫剂，车间、库用灭蝇灯、鼠胶、鼠笼等消灭虫、鼠害，但不能用灭鼠药。

3.保证关键控制点得到控制的措施和程序

（1）测试手段：农药残留量快速检测仪；定期校准石英钟；余氯测定仪器；定时校正金属检测仪；测定恒温干燥箱水分。

（2）检测频数：原料葱采购时逐批抽验；每小时检测一次余氯浓度、消毒时间；每一产品都要进行金属检测，每一产品都要进行水分检测。

（3）检测方法：原材料农药残留量按GB2763检验；消毒液有效氯按邻苯甲胺比色法测定；金属检测按GB/T25345检测；水分检测按GB5009.3。

（4）监控措施：监控原材料验收临界值，检查原料葱的乙酰胆碱酯酶抑制率；监控消毒液有效氯浓度和消毒时间临界值；监控石英钟是否定期校准；监控金属检测仪是否定时校正。

（5）控制方法：对原料葱检查供方施药声明，用农药残留量快速测试仪检测乙酰胆碱酯酶抑制率＜50%；用100～200mg/L浓度的次氯酸钠对葱消毒2～3分钟；用金属检测仪对每一产品葱进行金属检测；稳定工作时间不少于4小时；水分检测到恒重。

（6）建立检测系统、纠正措施、验证程序、文件记录系统。

冷冻干燥香葱危害分析见表7-1。

表7-1　冷冻干燥香葱危害分析表

加工步骤	确定本步中引入的受控或增加的潜在危害	潜在的危害是否显著（是/否）	对第 3 列的判断提出依据	应用什么预防措施来防止显著危害	这步是关键控制点吗？（是/否）
原料收购	生物的：病原菌污染消毒液浸泡	是	种植过程中，受到病原菌的污染	消毒液浸泡	是
	化学的：农药残留量超	是	种植过程，使用禁用农药或超量使用农药	检查供方施药声明，检验农药残留量	是
	物理的：金属夹杂物及玻璃碎片	是	原料中可能会夹带金属异物和玻璃碎片	经多道的选检清洗，过金属检测器及最终产品再多道选检可除去，风险性很小	否
选检	生物的：病原菌繁殖及污染	是	操作者和环境污染及停留时间过长，病原菌繁殖及相互污染	消毒液浸泡	是
	化学的：无				
	物理的：无				
浸泡清	生物的：病原菌生长及污染	是	操作者和环境污染	SSOP 控制	否
	化学的：无				
	物理的：无				
漂洗	生物的：病原菌生长及污染	是	操作者和环境污染	SSOP 控制	否
	化学的：无				
	物理的：无				
漂浸护色	生物的：病原菌生长及污染	是	操作者和漂浸桶可能污染	SSOP 控制	否
	化学的：无				
	物理的：无				

续表

清洗	生物的：病原菌污染	是	操作者、水源、工器具、环境可能污染	SSOP 控制	否
	化学的：无				
	物理的：无				
切粒	生物的：病原菌污染	是	操作者和环境可能污染	SSOP 控制	否
	化学的：无				
	物理的：金属碎片	是	刀具碎裂可能产生碎片	过金属检测器	是
消毒	生物的：病原菌残留	是	消毒液浓度、时间控制不够，病原菌会存活	控制消毒浓度、时间进行操作	是
	化学的：消毒剂危害	否	对消毒液浓度进行控制		
	物理的：无				
冲洗	生物的：病原菌污染	是	操作者和水槽可能污染	SSOP 控制	否
	化学的：无				
	物理的：无				
脱水	生物的：病原菌污染	是	环境污染	SSOP 控制	否
	化学的：无				
	物理的：无				
装盘	生物的：病原菌污染	是	操作者和冻干盘污染	SSOP 控制	否
	化学的：无				
	物理的：无				
冻干	生物的：病原菌污染	否	低温干燥下不可能发生		
	化学的：无				
	物理的：无	是	操作者或冻干设备	水分检测	是

续表

出罐包装冷藏	生物的：病原菌污染	是	操作者，环境和卸料器具污染	SSOP 控制	否
	化学的：无				
	物理的：无				
出库	生物的：病原菌污染	否	低温条件和 SSOP 控制下不可能发生		
	化学的：无				
	物理的：无				
过静电吸引器	生物的：病原菌污染	是	设备和环境污染	SSOP 控制	否
	化学的：无				
	物理的：无				
金属检测	生物的：病原菌污染	是	设备和环境污染	SSOP 控制	否
	化学的：无				
	物理的：金属碎片	是	金属检测器灵敏度不够会使产品中混入的金属夹杂物漏检	定时对金属检测器运行灵敏状态进行检验，使其有效运行	是
分检	生物的：病原菌污染	是	操作者与环境卫生定时对金属检测器运行灵敏状态进行检验，是使其有效运行失控会造成污染	SSOP 控制	否
	化学的：无				
	物理的：无				
包装	生物的：病原菌污染	是	操作者与环境卫生失控会造成污染	SSOP 控制	否
	化学的：无				
	物理的：无				
入库保藏	生物的：病原菌污染	否	包装良好和低水分干燥下，病原菌污染的可能性很小	SSOP 控制	
	化学的：无				
	物理的：无	是	环境条件	SSOP 控制	否

第二节　检测方法

一、食品中水分测定（GB 5009.3）

（一）直接干燥法

1.范围

第一法（直接干燥法）适用于在101～105℃下，蔬菜、谷物及其制品、水产品、豆制品、乳制品、肉制品、卤菜制品、粮食（水分含量低于18%）、油料（水分含量低于13%）、淀粉及茶叶类等食品中水分的测定，不适用于水分含量小于0.5%的样品。第二法（减压干燥法）适用于高温易分解的样品及水分较多的样品（如糖、味精等食品）中水分的测定，不适用于添加了其他原料的糖果（如奶糖、软糖等食品）中水分的测定，不适用于水分含量小于0.5%的样品（糖和味精除外）。

2.原理

利用食品中水分的物理性质，在101.3kPa（一个大气压）、温度101～105℃下采用挥发方法测定样品中干燥减失的重量，包括吸湿水、部分结晶水和该条件下能挥发的物质，再通过干燥前后的称量数值计算出水分的含量。

3.试剂和材料

除非另有说明，本方法所用试剂均为分析纯，水为GB/T6682规定的三级水。

1）试剂

（1）氢氧化钠。

（2）盐酸。

（3）海砂。

2）试剂配制

（1）盐酸溶液（6mol/L）：量取50mL盐酸，加水稀释至100mL。

（2）氢氧化钠溶液（6mol/L）：称取24g氢氧化钠，加水溶解并稀释至100mL。

（3）海砂：取用水洗去泥土的海砂、河砂、石英砂或类似物，先用盐酸溶液（6mol/L）煮沸0.5小时，用水洗至中性，再用氢氧化钠溶液（6mol/L）煮沸0.5小时，用水洗至中性，经105℃干燥备用。

4.仪器和设备

（1）扁形铝制或玻璃制称量瓶。

（2）电热恒温干燥箱。

（3）干燥器：内附有效干燥剂。

（4）天平：感量为0.1mg。

5.分析步骤

（1）固体试样：取洁净铝制或玻璃制的扁形称量瓶，置于101～105℃干燥箱中，瓶盖斜支于瓶边，加热1.0小时，取出盖好，置干燥器内冷却0.5小时，称量，并重复干燥至前后两次质量差不超过2mg，即为恒重。将混合均匀的试样迅速磨细至颗粒小于2mm，不易研磨的样品应尽可能切碎，称取2～10g试样（精确至0.000 1g），放入此称量瓶中，试样厚度不超过5mm，如为疏松试样，厚度不超过10mm，加盖，精密称量后，置于101～105℃干燥箱中，瓶盖斜支于瓶边，干燥2～4小时后盖好取出，放入干燥器内冷却0.5小时后称量。然后再放入101～105℃干燥箱中干燥1小时左右取出，放入干燥器内冷却0.5小时后再称量，并重复以上操作至前后两次质量差不超过2mg，即为恒重。

注：两次恒重值在最后计算中，取质量较小的一次称量值。

（2）半固体或液体试样：取洁净的称量瓶，内加10g海砂（实验过程中可根据需要适当增加海砂的质量）及一根小玻棒，置于101～105℃干燥箱中，干燥1.0小时后取出，放入干燥器内冷却0.5小时后称量，并重复干燥至恒重。然后称取5～10g试样（精确至0.000 1g），置于称量瓶中，用小玻棒搅匀放在沸水浴上蒸干，并随时搅拌，擦去瓶底的水滴，置于101～105℃干燥箱中干燥4小时后盖好取出，放入干燥器内冷却0.5小时后称量。然后再放入101～105℃干燥箱中干燥1小时左右取出，放入干燥器内冷却0.5小时后再称量，并重复以上操作至前后两次质量差不超过2mg，即为恒重。

6.分析结果的表述

试样中的水分含量，按式（1）进行计算：

$$X=\frac{m_1-m_2}{m_1-m_3}\times 100 \cdots\cdots\cdots\cdots\cdots\cdots\cdots\cdots\ (1)$$

式中：

X—试样中水分的含量，单位为g/100g；

m_1—称量瓶（加海砂、玻棒）和试样的质量，单位为g；

m_2—称量瓶（加海砂、玻棒）和试样干燥后的质量，单位为g；

m_3—称量瓶（加海砂、玻棒）的质量，单位为g；

100—单位换算系数。

水分含量≥1g/100g时，计算结果保留三位有效数字；水分含量＜1g/100g时，计算结果保留两位有效数字。

7.精密度

在重复性条件下获得的两次独立测定结果的绝对差值不得超过算术平均值的10%。

（二）减压干燥法

1.原理

利用食品中水分的物理性质，在达到40～53kPa压力后加热至60℃±5℃，采用减压烘干方法去除试样中的水分，再通过烘干前后的称量数值计算出水分的含量。

2.仪器和设备

（1）扁形铝制或玻璃制称量瓶。

（2）真空干燥箱。

（3）干燥器：内附有效干燥剂。

（4）天平：感量为0.1mg。

3.分析步骤

（1）试样制备：粉末和结晶试样直接称取；较大块硬糖经研钵粉碎，混匀备用。

（2）测定：取已恒重的称量瓶称取2～10g（精确至0.0001g）试样，放入真空干燥箱内，将真空干燥箱连接真空泵，抽出真空干燥箱内空气（所需压力一般为40～53kPa），并同时加热至所需温度60℃±5℃。关闭真空泵上的活塞，停止抽气，使真空干燥箱内保持一定的温度和压力，经4小时后打开活塞，使空气经干燥装置缓缓通入至真空干燥箱内，待压力恢复正常后再打开，取出称量瓶，放入干燥器中0.5小时后称量，并重复以上操作至前后两次质量差不超过2mg，即为恒重。

4.分析结果

分析结果的表述同第6。

5.精密度

在重复性条件下获得的两次独立测定结果的绝对差值不得超过算术平均值的10%。

二、食品中酸不溶性灰分的测定（GB 5009.4）

1.原理

用盐酸溶液处理总灰分，过滤、灼烧、称量残留物。

2.试剂和材料

除非另有说明，本方法所用试剂均为分析纯，水为GB/T6682规定的三级水。

（1）试剂浓盐酸。

（2）试剂配制10%盐酸溶液，24mL分析纯浓盐酸用蒸馏水稀释至100mL。

3.仪器和设备

（1）高温炉：最高温度≥950℃。

（2）分析天平：感量分别为0.1mg、1mg、0.1g。

（3）石英坩埚或瓷坩埚。

（4）干燥器（内有干燥剂）。

（5）无灰滤纸。

（6）漏斗。

（7）表面皿：直径6cm。

（8）烧杯（高型）：容量100mL。

（9）恒温水浴锅：控温精度±2℃。

4.分析步骤

1）坩埚预处理

（1）含磷量较高的食品和其他食品：取大小适宜的石英坩埚或瓷坩埚置高温炉中，在550℃±25℃下灼烧30分钟，冷却至200℃左右取出，放入干燥器中冷却30分钟，准确称量。重复灼烧至前后两次称量相差不超过0.5mg为恒重。

（2）淀粉类食品：先用沸腾的稀盐酸洗涤，再用大量自来水洗涤，最后用蒸馏水冲洗。将洗净的坩埚置于高温炉内，在900℃±25℃下灼烧30分钟，并在干燥器内冷却至室温，称重，精确至0.000 1g。

2）称样方法

含磷量较高的食品和其他食品：灰分大于或等于10g/100g的试样称取2～3g（精确至0.000 1g）；灰分小于或等于10g/100g的试样称取3～10g（精确至0.000 1g），对于灰分含量更低的样品可适当增加称样量。

淀粉类食品：迅速称取样品2～10g（马铃薯淀粉、小麦淀粉以及大米淀粉至少称5g，玉米淀粉和木薯淀粉称10g），精确至0.000 1g。将样品均匀分布在坩埚内，不要压紧。

3）总灰分的制备

（1）含磷量较高的豆类及其制品、肉禽及其制品、蛋及其制品、水产及其制品、乳及乳制品。

称取试样后，加入1.00mL乙酸镁溶液（240g/L）或3.00mL乙酸镁溶液

（80g/L），使试样完全润湿。放置10分钟后，在水浴上将水分蒸干，在电热板上以小火加热使试样充分炭化至无烟，然后置于高温炉中，在550℃±25℃灼烧4小时。冷却至200℃左右取出，放入干燥器中冷却30分钟。称量前如发现灼烧残渣有炭粒时，应向试样中滴入少许水湿润，使结块松散，蒸干水分再次灼烧至无炭粒即表示灰化完全，方可称量。重复灼烧至前后两次称量相差不超过0.5mg为恒重。

吸取三份与（1）相同浓度和体积的乙酸镁溶液，做三次试剂空白试验。当三次试验结果的标准偏差小于0.003g时，取算术平均值作为空白值。若标准偏差大于或等于0.003g时，应重新做空白值试验。

（2）淀粉类食品。将坩埚置于高温炉口或电热板上，半盖坩埚盖，小心加热使样品在通气情况下完全炭化至无烟，即刻将坩埚放入高温炉内，将温度升高至900℃±25℃，保持此温度直至剩余的碳全部消失为止，一般1小时可灰化完毕，冷却至200℃左右取出，放入干燥器中冷却30分钟。称量前如发现灼烧残渣有炭粒时，应向试样中滴入少许水湿润，使结块松散，蒸干水分再次灼烧至无炭粒即表示灰化完全，方可称量。重复灼烧至前后两次称量相差不超过0.5mg为恒重。

（3）其他食品。液体和半固体试样应先在沸水浴上蒸干。固体或蒸干后的试样先在电热板上以小火加热使试样充分炭化至无烟，然后置于高温炉中，在550℃±25℃灼烧4小时。冷却至200℃左右取出，放入干燥器中冷却30分钟。称量前如发现灼烧残渣有炭粒时，应向试样中滴入少许水湿润，使结块松散，蒸干水分再次灼烧至无炭粒即表示灰化完全，方可称量。重复灼烧至前后两次称量相差不超过0.5mg为恒重。

（4）测定用25mL10%盐酸溶液将总灰分分次洗入100mL烧杯中，盖上表面皿，在沸水浴上小心加热，至溶液由浑浊变为透明时，继续加热5分钟，趁热用无灰滤纸过滤，用沸蒸馏水少量反复洗涤烧杯和滤纸上的残留物，直至中性（约150mL）。将滤纸连同残渣移入原坩埚内，在沸水浴上小心蒸去水分，移入高温炉内，以550℃±25℃灼烧至无炭粒（一般需1小时）。待炉温降至200℃时取出坩埚，放入干燥器内，冷却至室温，称重（准确至0.0001g）。再放入高温炉内，以550℃±25℃灼烧30分钟，如前冷却并称重。如此重复操作，直至连续两次称重之差不超过0.5mg为止，记下最低质量。

5.分析结果的表述

（1）以试样质量计酸不溶性灰分的含量，按式（1）计算：

$$X_1=\frac{m_1-m_2}{m_3-m_2}\times 100 \cdots\cdots\cdots\cdots (1)$$

式中：

X_1—酸不溶性灰分的含量，单位为g/100g；

m_1—坩埚和酸不溶性灰分的质量，单位为g；

m_2—坩埚的质量，单位为g；

m_3—坩埚和试样的质量，单位为克g；

100—单位换算系数。

（2）以干物质计，酸不溶性灰分的含量，按式（1）

计算：$X_1=\frac{m_1-m_2}{m_3-m_2}\times\omega\times100$…………………………（1）

式中：

X_1—酸不溶性灰分的含量，单位为g/100g；

m_1—坩埚和酸不溶性灰分的质量，单位为g；

m_2—坩埚的质量，单位为g；

m_3—坩埚和试样的质量，单位为g；

ω—试样干物质含量（质量分数），单位为%；

100—单位换算系数。

试样中灰分含量≥10g/100g时，保留三位有效数字；试样中灰分含量＜10g/100g时，保留两位有效数字。

6.精密度

在重复性条件下同一样品获得的测定结果的绝对差值不得超过算术平均值的5%。

三、酸价测定（GB 5009.229）

本标准规定了各类食品中酸价的三种测定方法：冷溶剂指示剂滴定法、冷溶剂自动电位滴定法和热乙醇指示剂滴定法。

冷溶剂指示剂滴定法适用于常温下能够被冷溶剂完全溶解成澄清溶液的食用油脂样品，适用范围包括食用植物油（辣椒油除外）、食用动物油、食用氢化油、起酥油、人造奶油、植脂奶油和植物油料共计七类。

冷溶剂指示剂滴定法具体如下：

1.原理

用有机溶剂将油脂试样溶解成样品溶液，再用氢氧化钾或氢氧化钠标准滴定溶液中和滴定样品溶液中的游离脂肪酸，以指示剂相应的颜色变化来判定滴定终点，最后通过滴定终点消耗的标准滴定溶液的体积计算油脂试样的酸价。

2.试剂和材料

除非另有说明，本方法所用试剂均为分析纯，水为GB/T6682规定的三级水。

1）试剂

①异丙醇。

②乙醚。

③甲基叔丁基醚。

④95%乙醇。

⑤酚酞，指示剂，CAS：77-09-8。

⑥百里香酚酞，指示剂，CAS：125-20-2。

⑦碱性蓝6B，指示剂，CAS：1324-80-7。

⑧无水硫酸钠，在105～110℃条件下充分烘干，然后装入密闭容器冷却并保存。

⑨无水乙醚。

⑩石油醚，30～60℃沸程。

2）试剂配制

（1）氢氧化钾或氢氧化钠标准滴定水溶液，浓度为0.1mol/L或0.5mol/L，按照GB/T601标准要求配制和标定，也可购买市售商品化试剂。

（2）乙醚-异丙醇混合液：乙醚+异丙醇=1+1，500mL的乙醚与500mL的异丙醇充分互溶混合，用时现配。

（3）酚酞指示剂：称取1克的酚酞，加入100mL的95%乙醇并搅拌至完全溶解。

（4）百里香酚酞指示剂：称取2g的百里香酚酞，加入100mL的95%乙醇并搅拌至完全溶解。

（5）碱性蓝6B指示剂：称取2g的碱性蓝6B，加入100mL的95%乙醇并搅拌至完全溶解。

3.仪器和设备

（1）10mL微量滴定管：最小刻度为0.05mL。

（2）天平：感量0.001g。

（3）恒温水浴锅。

（4）恒温干燥箱。

（5）离心机：最高转速不低于8 000r/min。

（6）旋转蒸发仪。

（7）索氏脂肪提取装置。

（8）植物油料粉碎机或研磨机。

4.分析步骤

1）试样制备

（1）食用油脂试样的制备：若食用油脂样品常温下呈液态，且为澄清液体，则充分混匀后直接取样，否则按照附录A的要求进行除杂和脱水干燥处理；若食用油脂样品常温下为固态，则按照附录制备；若样品为经乳化加工的食用油脂，则按照附录制备。

（2）植物油料试样的制备：先用粉碎机或研磨机把植物油料粉碎成均匀的细颗粒，脆性较高的植物油料（如大豆、葵花籽、棉籽、油菜籽等）应粉碎至粒径为0.8～3mm甚至更小的细颗粒，而脆性较低的植物油料（如椰干、棕榈仁等）应粉碎至粒径不大于6mm的颗粒。其间若发热明显，应按照附录进行粉碎。取粉碎的植物油料细颗粒装入索氏脂肪提取装置中，再加入适量的提取溶剂（⑨或⑩），加热并回流提取4小时。最后收集并合并所有的提取液于一个烧瓶中，置于水浴温度不高于45℃的旋转蒸发仪内，0.08～0.1MPa负压条件下，将其中的溶剂彻底旋转蒸干，取残留的液体油脂作为试样进行酸价测定。若残留的液态油脂浑浊、乳化、分层或有沉淀，应按照附录的要求进行除杂和脱水干燥的处理。

2）试样称量

根据制备试样的颜色和估计的酸价，按照表7-2称试样。

试样称样量和滴定液浓度应使滴定液用量在0.2～10mL之间（扣除空白后）。若检测后发现样品的实际称样量与该样品酸价所对应的应有称样量不符，应按照表7-2调整称样量后重新检测。

3）试样测定

表7-2　称量样表

估计的酸价（mg/g）	试样的最小称样量（g）	使用滴定液的浓度（mol/L）	试样称重的精确度（g）
0 ～ 1	20	0.1	0.05
1 ～ 4	10	0.1	0.02
4 ～ 15	2.5	0.1	0.01
15 ～ 75	0.5 ～ 3.0	0.1 或 0.5	0.001
> 75	0.2 ～ 1.0	0.5	0.001

取一个干净的250mL的锥形瓶，按照要求用天平称取制备的油脂试样，其质量m单位为g。加入乙醚—异丙醇混合液50～100ml和3～4滴的酚酞指示剂，充分振摇溶解试样；再用装有标准滴定溶液的刻度滴定管对试样溶液进行手工滴定，

当试样溶液初现微红色，且15秒内无明显褪色时，为滴定的终点。这时立刻停止滴定，记录下此滴定所消耗的标准滴定溶液的毫升数，此数值为V。

对于深色泽的油脂样品，可用百里香酚酞指示剂或碱性蓝6B指示剂取代酚酞指示剂，滴定时，当颜色变为蓝色时为百里香酚酞的滴定终点，碱性蓝6B指示剂的滴定终点为由蓝色变红色。米糠油（稻米油）的冷溶剂指示剂法测定酸价只能用碱性蓝6B指示剂。

4）空白试验

另取一个干净的250mL的锥形瓶，准确加入与试样测定时相同体积、相同种类的有机溶剂混合液②和指示剂（③④或⑤），振摇混匀。然后再用装有标准滴定溶液（①）的刻度滴定管进行手工滴定，当溶液初现微红色，且15s内无明显褪色时，为滴定的终点。立刻停止滴定，记录下此滴定所消耗的标准滴定溶液的毫升数，此数值为V_0。

对于冷溶剂指示剂滴定法，也可配制好的试样溶解液（②）中滴加数滴指示剂（③④或⑤），然后用标准滴定溶液（①）滴定试样溶解液至相应的颜色变化且15秒内无明显褪色后停止滴定，表明试样溶解液的酸性正好被中和。然后以这种酸性被中和的试样溶解液溶解油脂试样，再用同样的方法继续滴定试样溶液至相应的颜色变化且15秒内无明显褪色后停止滴定，记录下此滴定所消耗的标准滴定溶液的毫升数，此数值为V，如此无须再进行空白试验，即V_0=0。

5.分析结果的表述

酸价（又称酸值）按照式（1）的要求进行计算：

$$X_{AV}=\frac{(V-V_0)\times c\times 56.1}{m} \cdots\cdots(1)$$

式中：

X_{AV}—酸价，单位为mg/g；

V—试样测定所消耗的标准滴定溶液的体积，单位为mL；

V_0—相应的空白测定所消耗的标准滴定溶液的体积，单位为mL；

c—标准滴定溶液的摩尔浓度，单位为mol/L；

56.1—氢氧化钾的摩尔质量，单位为g/mol；

m—油脂样品的称样量，单位为g。

酸价≤1mg/g，计算结果保留2位小数；1mg/g＜酸价≤100mg/g，计算结果保留1位小数；酸价>100mg/g，计算结果保留至整数位。

6.精密度

当酸价＜1mg/g时，在重复条件下获得的两次独立测定结果的绝对差值不得超过算术平均值15%；当酸价≥1mg/g时，在重复条件下获得的两次独立测定结果的绝对差值不得超过算术平均值12%。

四、过氧化值测定方法（GB 5009.227）

本标准规定了食品中过氧化值的两种测定方法：滴定法和电位滴定法。

本标准滴定法适用于食用动植物油脂、食用油脂制品，以小麦粉、谷物、坚果等植物性食品为原料经油炸、膨化、烘烤、调制、炒制等加工工艺而制成的食品，以及以动物性食品为原料经速冻、干制、腌制等加工工艺而制成的食品；电位滴定法适用于动植物油脂和人造奶油，测量范围是0～0.38g/100g。

本标准不适用于植脂末等包埋类油脂制品的测定。

以下讲滴定法。

1.原理

制备的油脂试样在三氯甲烷和冰乙酸中溶解，其中的过氧化物与碘化钾反应生成碘，用硫代硫酸钠标准溶液滴定析出的碘。用过氧化物相当于碘的质量分数或1kg样品中活性氧的毫摩尔数表示过氧化值的量。

2.试剂和材料

除非另有说明，本方法所用试剂均为分析纯，水为GB/T6682规定的三级水。

1）试剂

①冰乙酸。

②三氯甲烷。

③碘化钾。

④硫代硫酸钠。

⑤石油醚：沸程为30～60℃。

⑥无水硫酸钠。

⑦可溶性淀粉。

⑧重铬酸钾：工作基准试剂。

2）试剂配制

（1）三氯甲烷-冰乙酸混合液（体积比40:60）：量取40mL三氯甲烷，加60mL冰乙酸，混匀。

（2）碘化钾饱和溶液：称取20g碘化钾，加入10mL新煮沸冷却的水，摇匀后贮于棕色瓶中，存放于避光处备用。要确保溶液中有饱和碘化钾结晶存在。使用前检查：在30mL三氯甲烷-冰乙酸混合液中添加1.00mL碘化钾饱和溶液和2滴1%淀粉指示剂，若出现蓝色，并需用1滴以上的0.01mol/L硫代硫酸钠溶液才能消除，此碘化钾溶液不能使用，应重新配制。

（3）1%淀粉指示剂：称取0.5g可溶性淀粉，加少量水调成糊状。边搅拌边倒入50mL沸水，再煮沸搅匀后，放冷备用。临用前配制。

（4）石油醚的处理：取100mL石油醚于蒸馏瓶中，在低于40℃的水浴中，用旋转蒸发仪减压蒸干。用30mL三氯甲烷-冰乙酸混合液分次洗涤蒸馏瓶，合并洗涤液于250mL碘量瓶中。准确加入1.00ml饱和碘化钾溶液，塞紧瓶盖，并轻轻振摇0.5分钟，在暗处放置3分钟，加1.0mL淀粉指示剂后混匀，若无蓝色出现，此石油醚用于试样制备；如加1.0mL淀粉指示剂混匀后有蓝色出现，则需更换试剂。

3）标准溶液配制

（1）0.01mol/L硫代硫酸钠标准溶液：称取26g硫代硫酸钠，加0.2g无水碳酸钠，溶于1 000mL水中，缓缓煮沸10分钟，冷却。放置两周后过滤、标定。

（2）0.01mol/L硫代硫酸钠标准溶液：由①以新煮沸冷却的水稀释而成。临用前配制。

（3）0.002mol/L硫代硫酸钠标准溶液：由①以新煮沸冷却的水稀释而成，临用前配制。

3.仪器和设备

（1）碘量瓶：250mL。

（2）滴定管：10mL，最小刻度为0.05mL。

（3）滴定管：25mL或50mL，最小刻度为0.1mL。

（4）天平：感量为1mg、0.01mg。

（5）电热恒温干燥箱。

（6）旋转蒸发仪。

注：本方法中使用的所有器皿不得含有还原性或氧化性物质。磨砂玻璃表面不得涂油。

4.分析步骤

1）试样制备

样品制备过程应避免强光，并尽可能避免带入空气。

动植物油脂：对液态样品，振摇装有试样的密闭容器，充分均匀后直接取样；对固态样品，选取有代表性的试样置于密闭容器中混匀后取样。

2）试样的测定

应避免在阳光直射下进行试样测定。称取制备的试样2～3g（精确至0.001g），置于250mL碘量瓶中，加入30mL三氯甲烷-冰乙酸混合液，轻轻振摇使试样完全溶解。准确加入1.00mL饱和碘化钾溶液，塞紧瓶盖，并轻轻振摇0.5分钟，在暗处放置3分钟。取出加100mL水，摇匀后立即用硫代硫酸钠标准溶液（过氧化值估计值在0.15g/100g以下时，用0.002mol/L标准溶液；过氧化值估计值大于0.15g/100g时，用0.01mol/L标准溶液）滴定析出的碘，滴定至淡黄色时，加1mL淀粉指示剂，继续滴定并强烈振摇至溶液蓝色消失为终点。同时进行空白试验。空白试验所消耗0.01mo1/L硫代硫酸钠溶液体积V_0不得超过0.1mL。

5.分析结果的表述

（1）用过氧化物相当于碘的质量分数表示过氧化值时，按式（1）计算：

$$X_1=\frac{(V-V_0)\times c\times 0.1269}{m} \cdots\cdots\cdots\cdots\cdots\cdots\cdots\cdots\cdots (1)$$

式中：

X_1—过氧化值，单位为g/100g；

V—试样消耗的硫代硫酸钠标准溶液体积，单位为mL；

V_0—空白试验消耗的硫代硫酸钠标准溶液体积，单位为mL；

c—硫代硫酸钠标准溶液的浓度，单位为mol/L；

0.1269—与1.00mL硫代硫酸钠标准滴定溶液[$c(Na_2S_2O_3)$=1.000mol/L]相当的碘的质量；

m—试样质量，单位为g；

100—换算系数。

计算结果以重复性条件下获得的两次独立测定结果的算术平均值表示，结果保留两位有效数字。

（2）用1kg样品中活性氧的毫摩尔数表示过氧化值时，按式（2）计算：

$$X_2=(V-V_0)\times 0.1269\times 100/m \cdots\cdots\cdots\cdots\cdots\cdots\cdots\cdots\cdots (2)$$

X_2—过氧化值，单位为mmol/kg；

V—试样消耗的硫代硫酸钠标准溶液体积，单位为mL；

V_0—空白试验消耗的硫代硫酸钠标准溶液体积，单位为mL；

c—硫代硫酸钠标准溶液的浓度，单位为mol/L；

m—试样质量，单位为g；

100—换算系数

计算结果以重复性条件下获得的两次独立测定结果的算术平均值表示，结果保留两位有效数字。

6.精密度

在重复性条件下获得的两次独立测定结果的绝对差值不得超过算术平均值的10%。

附　录

一、葱酱加工车间工艺平面布置示意图

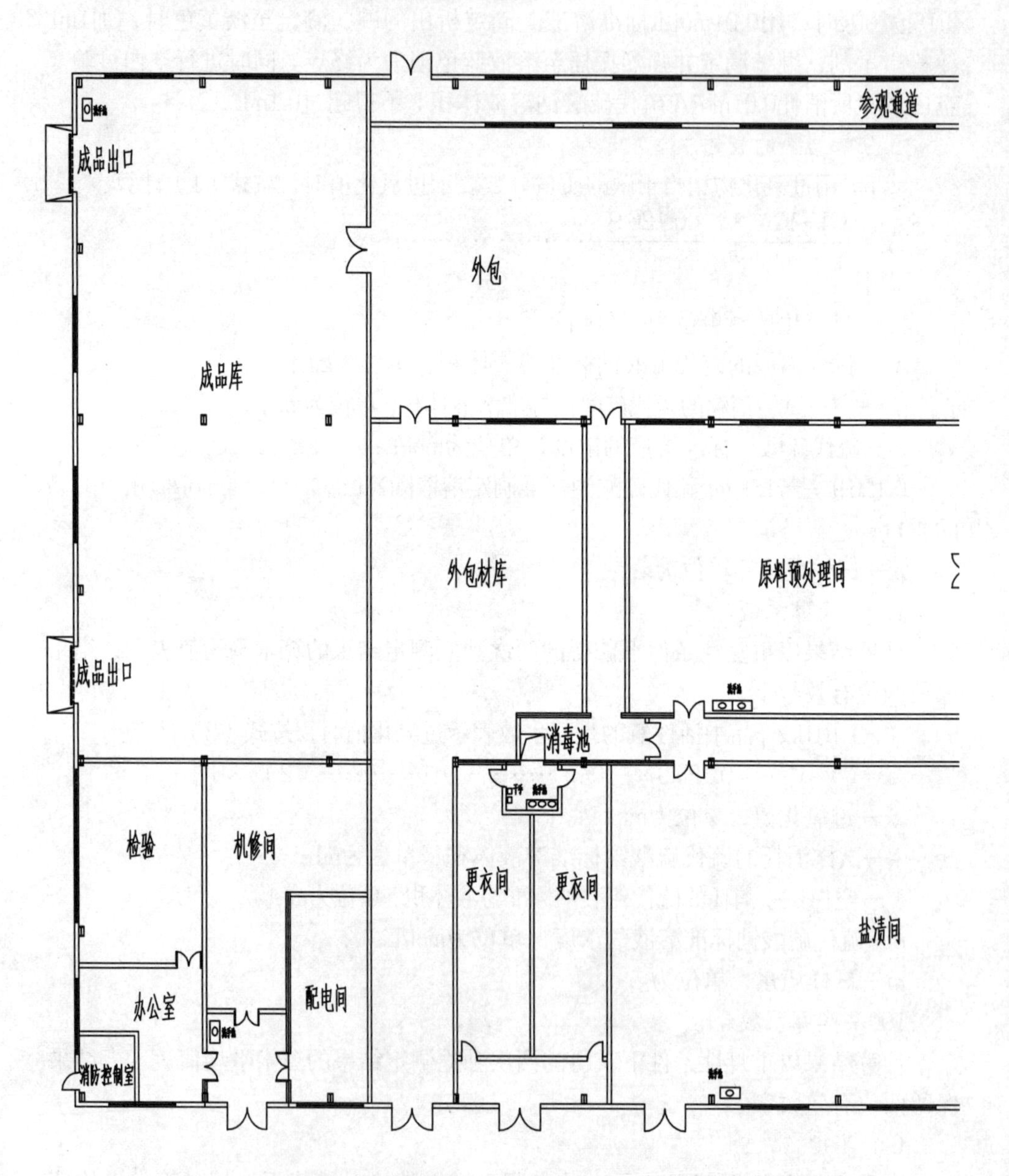

附图一　葱酱加工车间工艺平面布置示意图

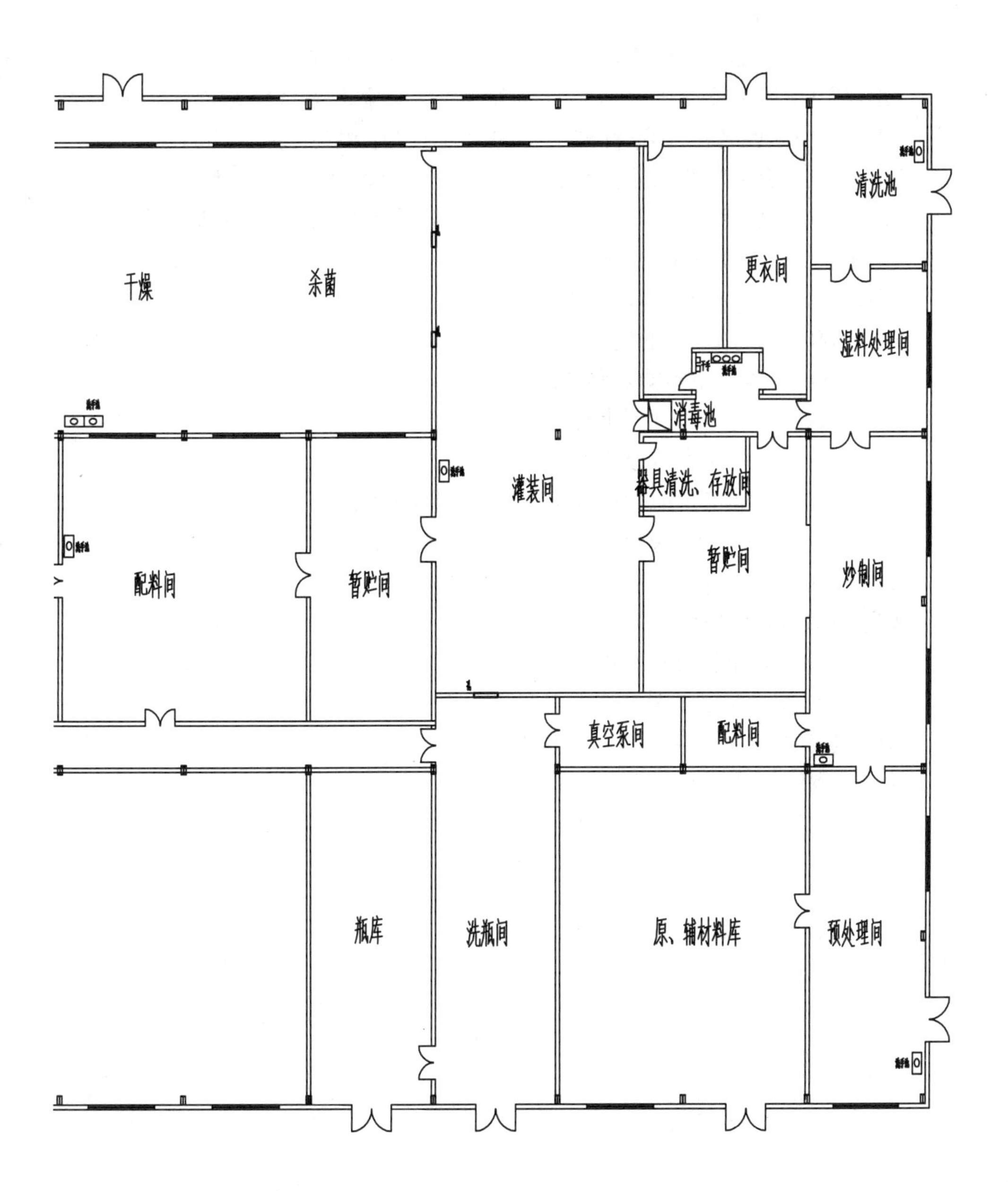
清洗池
更衣间
湿料处理间
干燥
杀菌
消毒池
灌装间
器具清洗、存放间
配料间
暂贮间
暂贮间
炒制间
真空泵间
配料间
瓶库
洗瓶间
原、辅材料库
预处理间

二、脱水葱、葱油、葱酱相关食品安全国家标准和检测标准

GB 2716 食品安全国家标准 食用植物油卫生标准

GB 2760 食品安全国家标准 食品添加剂使用卫生标准

GB 2763 食品安全国家标准 食品中农药最大残留限量

GB 4789.1 食品安全国家标准 食品微生物学检验 总则

GB 4789.2 食品安全国家标准 食品微生物学检验 菌落总数测定

GB 4789.3 食品安全国家标准 食品卫生微生物学检验 大肠菌群计数

GB 4789.4 食品安全国家标准 食品微生物学检验 沙门氏菌检验

GB 4789.10 食品安全国家标准 食品微生物学检验金黄色葡萄球菌检验

GB 4789.15 食品安全国家标准 食品微生物学检验霉菌和酵母计数

GB 5009.11 食品中总砷及无机砷的测定

GB 5009.12 食品中铅的测定

GB 5009.22 食品中黄曲霉毒素B1的测定

GB 5009.227 食品中过氧化值的测定

GB 5009.229 食品中酸价的测定

GB 5009.236 动植物油脂水分及挥发物含量的测定

GB 5749 食品安全国家标准 生活饮用水卫生标准

GB 7718 食品安全国家标准 预包装食品标签通则

GB/T 191 包装储运图示标志

GB/T 6388 运输包装收发货标志

JJF 1070 定量包装商品净含量计量检验规则

真菌毒素限量应符合GB 2761的规定

污染物限量应符合GB 2762的规定

致病菌限量应符合GB 29921的规定

参考文献

[1]李涛，姚明印，刘木华.香葱微波干燥工艺优化试验研究[J].农机化研究，2015,03.
[2]张欣.香葱栽培和病虫害防治技术的研究与应用[J].基层农技推广，2015,01:208-209.
[3]成兰芬，滕色林.香葱栽培技术简介[J].南方农业，2015,21:27-28.
[4]刘玉环，杨德江，秦良生.葱段的冷冻干燥加工工艺及机理研究[J].食品研究与开发，2006,07.
[5]廖敏.香葱真空冷冻干燥工艺的研究[J].四川工业学院学报，2001(01):53-56.
[6]徐艳阳，胡晓欢，王乃茹，等.大葱中葱辣素的微波辅助提取工艺优化[J].食品研究与开发，2014,13:27-29.
[7]靳湘，王懿睿，李永霞，等.香葱精油β-环糊精包合物的处方及制备工艺研究[J].湖北中医药大学学报，2014(05):45-48.
[8]林真，林梅西，陈梅英，等.冷冻干燥小香葱产品HACCP体系的建立[J].河南工业大学学报（自然科学版），2007(06):54-57.
[9]郭丽华.HACCP体系在蔬菜加工业的应用研究[D].福建农林大学，2005.

后　记

"四川省产业脱贫攻坚·农产品加工实用技术"丛书（下称"丛书"）终于与读者见面了，这对全体编撰人员来说，能为广大贫困地区服务、为全省扶贫攻坚尽微薄之力，是一件十分激动又感到自豪的事。

"丛书"根据四川省产业扶贫攻坚总体部署，结合农产品加工产业发展实际，首期出版共15本，包括四川省食品发酵工业研究设计院编撰的《特色果酒加工实用技术》《泡菜加工实用技术》《生姜加工实用技术》《葱加工实用技术》《大蒜加工实用技术》《腌腊猪肉制品加工实用技术》《米粉加工实用技术》《核桃加工实用技术》《茶叶深加工实用技术》《竹笋加工实用技术》共10本，以及四川工商职业技术学院编撰的《猕猴桃加工实用技术》《米酒加工实用技术》《主食加工实用技术》《豆制品加工实用技术》《化妆品加工实用技术》共5册。

"丛书"按概述、种植与养殖技术简述、主要原料与辅料、加工原理、加工工艺、设备与设施要求、综合利用、质量安全与分析检测、产品加工实例等内容进行编撰，部分内容在细节上略有差异。"丛书"内容上兼顾结合初加工与深加工，介绍的工艺技术易操作，文字上言简意赅、浅显易懂，具有较强的理论性、指导性和实践性。"丛书"适合四川省四大贫困片区贫困县的初高中毕业生、职业学校毕业生、回乡创业者及农产品加工从业者等阅读和使用。

"丛书"的编撰由四川省经济和信息化委员会组织，具体由教育培训处、园区产业处、机关党办和农产品加工处负责。在编撰过程中，委员会领导从组织选题、目录提纲、出版书目、进度安排、印刷出版、专家审查、资金保障、贫困地区现场征求意见等方面均进行了全程督导，力求"丛书"系统、全面、实用。编撰单位高度重视，精心组织，同时得到各有关部门的大力配合、有关行业专家学者的热心指导，在此深表感谢！

由于编撰水平所限，时间仓促，书中难免有疏漏、不妥之处，恳请读者批评指正。

丛书编写委员会

2018年5月